ESV
ERICH
SCHMIDT
VERLAG

Brandschutzbeauftragter!

Ein Leitfaden für Berufseinsteiger

Von

Dr.-Ing. Wolfgang J. Friedl

ERICH SCHMIDT VERLAG

Bibliografische Information der Deutschen Nationalbibliothek
Die Deutsche Nationalbibliothek verzeichnet diese Publikation in der Deutschen Nationalbibliografie; detaillierte bibliografische Daten sind im Internet über http://dnb.d-nb.de abrufbar.

Weitere Informationen zu diesem Titel finden Sie im Internet unter
http://ESV.info/978-3-503-19993-8

Zitiervorschlag:
Friedl, Brandschutzbeauftragter!

ISBN 978-3-503-19993-8 (gedrucktes Werk)
ISBN 978-3-503-19994-5 (eBook)

www.ESV.info

Druck: docupoint, Barleben

Vorwort

Brandschutzbeauftragter – wir sind also mit etwas beauftragt, und zwar mit Brandschutz. Nun ist Brandschutz so komplex wie andere Gebiete, etwa die Medizin oder der Umweltschutz, aber auch wie der Explosionsschutz oder die Rechtsprechung. Es gibt die folgenden vier Standbeine des Brandschutzes und davon dann wieder jede Menge Unterpunkte: Abwehrender, anlagentechnischer, baulicher und organisatorischer Brandschutz – dies jetzt mal in alphabetischer Reihenfolge. Mit Brandschutz beauftragt, das bedeutet, dass andere wohl für den Brandschutz verantwortlich sind – diese müssen den Brandschutz umsetzen bzw. umsetzen lassen und ggf. uns auch kontrollieren, ob wir unsere Arbeit auch (gut) machen bzw. mit erledigen. „Mit dem Brandschutz beauftragt" bedeutet, dass man etwas umsetzen muss, was sich der Gesetzgeber gedacht hat; das ist einfach und eindeutig, wenn es eben um absolute Vorgaben (Unterweisungen, Wartungsintervalle, Fluchtweglängen oder Türqualitäten) geht. Aber nun sind manchmal auch Schutzziele vorgegeben und keine direkten Wege, wie diese korrekt beschritten werden und da beginnt das berufliche Brandschutzleben interessant und anspruchsvoll, aber auch kompliziert zu werden.

Brandschutzbeauftragte haben es immer dann besonders schwer, wenn sie als Einzelkämpfer in einem Unternehmen arbeiten und sozusagen bei null anfangen müssen; noch schwerer ist es, wenn man gerade erst vom Kurs kommt und keinen betrieblichen Vorgänger hat, der einem an der Hand führend in die Thematik einarbeitet. Wenn keine Vorarbeit geleistet wurde, wenn kein fähiger und fairer Kollege einen an die Hand nimmt, um einem zu zeigen, wie das geht und was zu tun ist – dann muss man schon Autodidakt sein, um den beruflichen Einstieg hin zu bekommen, oder aber man liest dieses Buch. Manchmal soll es sogar „Kollegen" geben, die einem absichtlich nicht weiterhelfen, um eben Chaos zu hinterlassen, damit sie selbst in besonders gutem Licht stehen! Dieses Buch will Ihnen helfen, wie die ersten Schritte des Brandschutzbeauftragten zu gehen sind; es soll Ihnen zeigen, dass Sie nicht allein sind, dass andere auch ihre Probleme haben und hatten, und es führt Ihnen Schritt für Schritt auf, was Sie zu tun haben und wie Sie es zu tun haben. Die Schritte zeige ich Ihnen so ehrlich und gut ich es kann und weiß, gehen müssen Sie sie jedoch und zwar allein.

Denn eines darf uns nicht passieren: Wir dürfen nicht versagen. Das heißt jetzt nicht, dass wir keine Fehler machen dürfen – wozu zu sagen wäre, dass manche Fehler auch nur subjektiv aus einer bestimmten Perspektive als Fehler einzustufen sind. Nein, versagt haben wir, wenn einer der vier Punkte Realität geworden ist:

a) Wir leisten (arbeiten) nichts in Richtung Brandschutz (und andere sind damit zufrieden, denn es ändert sich ja nichts).

b) Wir leisten Falsches, Kontraproduktives und haben keine Akzeptanz in der Belegschaft und bei den Vorgesetzten.

c) Unsere Anweisungen, Ausarbeitungen und Vorgaben (z.B. Rauchverbote, Brandschutzordnung, Betriebsanweisungen) werden nicht ernst genommen.
d) Externe (Kreisbrandrat, Berufsgenossenschaft, Bauamt, Versicherung, Gewerbeaufsicht) kritisieren grob fahrlässige Punkte des Brandschutzes im Unternehmen.

Unser Job ist also wirklich anspruchsvoll und eben kein Job, sondern ein Beruf; um ihn gut auszuüben, braucht man Lebenserfahrung, Berufserfahrung, Geduld, manchmal viel Geduld, Sympathie (auch für Leute, die sie eigentlich nicht verdienen) und Überzeugungsgabe. Um zu überzeugen, müssen wir gut reden können und fachlich gut sein – also informiert.

Vielleicht gefällt Ihnen die Seite X, der Lehrsatz Y oder die Tabelle Z in diesem Buch? Dann legen Sie es anderen im Unternehmen vor; sie müssen (und juristisch: dürfen) übrigens nicht großflächig kopieren, dann würden wir uns eher freuen, wenn Sie das Buch ein zweites Mal kaufen. Das macht dann Sinn, wenn man Sie persönlich angreift und Sie dann eben sagen können: „Das kommt ja nicht von mir, sondern das muss so gemacht werden. Man muss ja nicht die Überbringer schlechter Nachrichten köpfen!"

Wahrscheinlich sind Sie schon Brandschutzbeauftragter, sonst hätten Sie wohl ein anderes Buch von mir oder einem anderen Autor gekauft, etwa die *Prüfungsfragen für Brandschutzbeauftragte* (Boorberg Verlag) oder das *Grundwissen für Brandschutzbeauftragte* (Boorberg Verlag), oder wie man *Brandschutz begeisternd vermittelt* (ecomed Verlag). Das hängt ja alles zusammen, also einerseits das Fachwissen zu haben und andererseits auch der Spaß an der Arbeit.

Menschen sind oftmals gegen Veränderungen und da dürfen wir uns auch nicht ausnehmen. Veränderung bedeutet ja, bis jetzt war es nicht korrekt bzw. nicht optimal und der Wunsch nach Veränderung enthält also a) Kritik an anderen und b) ist die Veränderung meist mit Kosten verbunden. Demzufolge sehen wir im beruflichen und privaten Leben auch erst mal nicht ein, etwas ändern zu müssen, weil es ja bis jetzt offenbar ganz gut geklappt hat, ohne Brände, ohne Unfälle oder andere Kosten. Das müssen wir immer im Hinterkopf behalten: Wenn wir wollen, dass andere etwas verändern – bekommen wir die Kritik richtig rüber, klappt es, sonst wird es problematisch. Wir wollen im Brandschutz etwas bewegen, was verändern und das bedeutet Veränderungen angehen, anderes Verhalten und oftmals auch mehr Aufwand oder höhere Kosten – klar, dass uns keine Begeisterungsstürme entgegenschlagen. Doch manchmal muss man auch etwas verändern, eben weil es eine neue Vorschrift oder der Feuerversicherer verlangt. Aber umso zufriedenstellender, wenn wir a) doch etwas verändern und b) feststellen, dass Häufigkeit und Schwere von Bränden aufgrund unserer engagierten, ständigen Arbeit wenig Erfolgsaussichten haben. Das wünsche ich Ihnen und ich verspreche Ihnen, Sie werden es schaffen – wenn Sie konsequent weitermachen, sich von Niederlagen nicht unterkriegen lassen und mal sachlich, mal emotional – aber immer professionell – an der wichtigen Thematik dranbleiben, nämlich Unternehmen sicherer zu gestalten.

Im Sinne der Belegschaft. Und manchmal kann man ja auch mit einer Veränderung der Gesetzgebung argumentieren. Auch die Firmenleitung und schließlich die Versicherungen werden es uns danken, nur leider nicht durch stattliche Geldüberweisungen auf unser Konto, die wir meiner Meinung nach verdient hätten ... Und wir können uns natürlich auch nicht damit brüsten, dass wir konkret den Unfall A oder den Brand B vermieden haben.

Herzlichst, Ihr Dr. Wolfgang J. Friedl (Brandschutzingenieur aus Leidenschaft)

München im April 2021

Inhaltsverzeichnis

Einleitung

Erwartungen anderer an Sie und eigene Ansprüche: Warum sind Sie BSB?

Das ist, denke ich, eine ganz entscheidende Frage, die Sie sich bitte sehr ehrlich beantworten: Warum sind Sie Brandschutzbeauftragter? Da gibt es drei Möglichkeiten, drei Gründe:

a) Jemand anderes hat das entschieden.
b) Sie wollten das unbedingt werden (z. B. weil Sie schon in einer Freiwilligen Wehr sind).
c) Sie versuchen das mal, weil andere berufliche Wege erst mal versperrt sind.

Lösung a) wäre fatal, dann sollten Sie den Mut haben, es zu lassen. Das wird nichts, leider. Legen Sie das Buch weg – oder, deutlich besser: verändern Sie Ihre Einstellung. Begreifen Sie bitte, wie schön und wichtig es ist, Leid abzuwehren. Firmen am Leben zu halten, Arbeitsplätze hier in Deutschland zu erhalten und am schönsten: Menschen vor dem Feuertod zu bewahren. Vielleicht retten Sie durch einen verhinderten Großbrand mehr Menschen das Leben als ein Arzt in 10 Berufsjahren, vielleicht verhindern Sie einen zweistelligen Millionenschaden – und das ist mehr, als ein Chefarzt im Leben an Geld verdient. Ist doch auch was, oder – zu wissen, dass man Katastrophen vermeiden kann bzw. vermieden hat.

Antwort b) ist natürlich ideal, dann können Sie das Buch eigentlich auch zur Seite legen, denn Sie sind so voll mit brandschutztechnischem Testosteron, dass Sie keinen Schub von außen mehr benötigen.

Bei Antwort c) neige ich dazu, ähnlich wie bei a) zu antworten, mit folgender Abweichung: Rechnen Sie damit, dass die echte, die wahre Begeisterung noch kommen wird im Laufe der Tätigkeit, die Ansteckgefahr ist nämlich groß!

Was erwarten andere von Ihnen? Die Geschäftsleitung will wahrscheinlich ihren Frieden haben und Sie möglichst weder sehen noch hören. Doch da haben die sich getäuscht, denn die bekommen ihren Frieden nur mit Ihnen zusammen. Die Belegschaft hält sich selbst übrigens auch nicht für doof und wartet nicht auf oberschlaue Belehrungen von Menschen wie Ihnen und mir – deshalb müssen wir uns filigran drauf vorbereiten, was wir vermitteln und wie wir es schaffen, Akzeptanz zu bekommen. Das ist eine Herausforderung und Herausforderungen (also Aufgaben, oder wenn Sie so wollen: Probleme) machen das Leben aus. Je mehr wir davon angehen, lösen oder beseitigen, umso mehr wächst unser Ego, umso sattelfester werden wir, umso zufriedener. Sie werden erleben, dass Ihr Erscheinungsbild sich im Lauf der Zeit ändert und auch, dass die Erwartungen und Einstellungen anderer gegenüber dem Brandschutz sich ebenso ändern wird. Leben ist Veränderung und Veränderungen führen oftmals in die richtige Richtung, verbessern unser Leben. Oder so, wie es der abgebildete Kreislauf uns anzeigt.

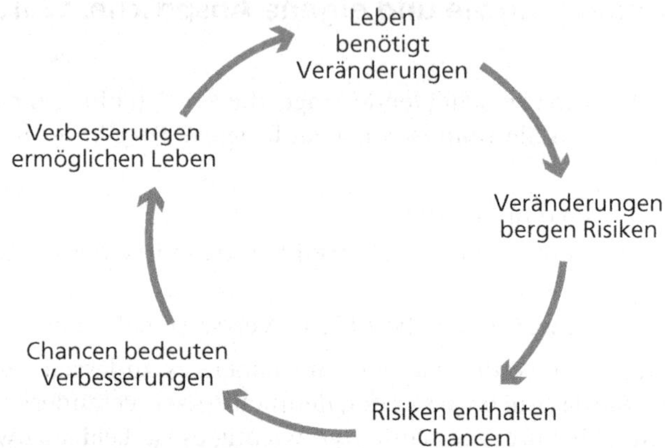

Halten Sie an Gutem, Bewährtem fest und verändern Sie das, was veraltet, unsicher oder überholt ist. Unsere Tochter hat nach dem Master-Studium „Internet-Marketing" in einem Unternehmen begonnen und war nach drei Monaten enttäuscht, wie sehr die gelernte Theorie von der gelebten Praxis abwich. Kaum einer hatte „den vollen Durchblick", manche konnten und andere wollten ihr nicht den Berufseinstieg erleichtern, Dinge erklären, Probleme lösen. Dann kam ein neuer Vorgesetzter und der sagte: „Meinst du etwa, ich kann das? Kaum eine Ahnung habe ich davon, aber wir werden das hinbekommen!" Das war der erste Tag, an dem wir sie wieder strahlend sahen, ab da ging sie gern in die Arbeit und dann ging es so richtig aufwärts. Sie sehen, wie man mit Ehrlichkeit Punkte sammeln kann – sind Sie auch ehrlich, auch wir beide wissen nicht alles, aber wir wollen es hinbekommen. Ehrlich. Und diese Ehrlichkeit spüren andere, das kommt an.

Ihr „ideales" Wesen, Ihr „idealer" Arbeitsplatz

Ideal ist im Leben wenig und real gesehen nichts. „Das Unmögliche versuchen, um das Mögliche zu erreichen!", so ein sicherlich nicht falscher Lebensansatz hierzu. Arnold Schwarzenegger schrieb in seiner Autobiographie, dass er nichts im Leben gemacht hat, was er nicht noch besser hätte machen können. Also rechnen Sie nicht damit, dass alles ideal, optimal, problemlos läuft. Aber es gibt immer so etwas wie einen kleinsten gemeinsamen Nenner und das ist eine Grundlage, auf der man aufbauen kann – um auf einen größtmöglichen Teiler zu kommen!

Wir müssen die einzig mögliche „Waffe" einsetzen, die wir zivilisierte Menschen haben – das Wort, intelligent, nicht verletzend und möglichst überzeugend (nicht überredend!). Nachfolgend will ich Ihnen deshalb ein paar Formulierungen mit auf dem Weg geben, die in verschiedenen Situationen aus dem momentanen Patt oder gar der Niederlage heraus helfen werden. Es ist – neben Ehrlichkeit – die manchmal nötige Schlagfertigkeit, die einem spontan weiterhilft:

Ehrliche Aussagen, die weiterhelfen	Schlagfertige Antworten, die weiterhelfen
– Da muss ich mir noch mal Gedanken machen. – Wir legen beide Lösungen der Geschäftsleitung vor und lassen dort eine Entscheidung fällen. – Ich habe hier nicht Ihr Fachwissen, Ihre Erfahrung. Also muss ich … – Können Sie dafür die Verantwortung übernehmen? – Ihre Lösung ist nicht nur aufwändiger, sondern auch weniger sinnvoll! – Das entspricht nicht unserem Budget! – Unsere Risikogefährdung macht das schlicht nicht nötig! – Das habe ich inhaltlich nicht verstanden. – Das ist nicht mein Fachgebiet. – Ich werde hierzu Person X befragen. – Ich möchte zu dieser wichtigen Thematik noch zwei weitere Meinungen hören. – Das ist eine Meinung, keine Tatsache. – Ich setze hier die Prioritäten anders. – Da muss ich auf Ihr Urteil vertrauen. – Das würde keine Behörde kritisieren! – Ich werde Ihnen diese Frage beantworten, aber zunächst … – Sie reden pauschal sicherlich richtig, aber gehen Sie doch mal auf uns ein! – Ihre Argumente sind allgemein, aber …	– Das darf man auch ganz anders sehen! – Das glauben Sie nur! – Nein, im Gegenteil! – So?! – Exakt anders herum wird ein Schuh draus! – Jetzt haben Sie sich in eine falsche Richtung verrannt! – Das ist eine quantitative, aber keine qualitative Aussage! – Meinen Sie ernsthaft, dass diese Aussage eine kritische Prüfung übersteht? – Von Ihrem Standpunkt aus mag das okay und logisch richtig sein, aber … – Damit überzeugen Sie nicht! – Das sind Meinungen, keine Fakten! – Argumente überzeugen, nicht Lautstärke. – Das war jetzt leider quantitativ überzeugender als qualitativ. – Nennen Sie mir in 3 Unternehmen Ansprechpartner, wo Sie das umgesetzt haben. – Das mag ja effektiv sein, ist aber nicht annähernd so effizient wie meine Lösung. – Sie verwechseln Ursache und Wirkung. – Ihre Wortwahl gefällt mir leider besser als der Inhalt. – Vielleicht überlegen Sie sich das noch mal – Belassen wir es mal dabei

Wenn es Sie wundert, warum solche rhetorischen Stilmittel hier aufgeführt werden: Es ist seit wenigen Jahren erlaubt und sinnvoll, anstatt einer fachlichen Brandschutz-Weiterbildung ein Fachseminar über Rhetorik, Gesprächsführung oder Moderation zu besuchen. Warum, das sollte jetzt klar sein. Wir müssen ankommen, wir müssen überzeugen und manchmal auch überreden. Es gibt in Ihrem Unternehmen, in der Wissenschaft, in der Politik und überall absolut fähige Fachleute, die es aber nie beruflich nach oben schaffen, weil sie kein Auftreten, keine gute Artikulation haben. Das ist schlimm, und da werden wertvolle Ressourcen vertan! Aber als Brandschutzbeauftragter muss man eine Meinung haben, die fachlich überzeugend und die rhetorisch gut artikuliert ist, um dann auch Gehör zu finden.

Fachlich

Die absolute Grundvoraussetzung für eine Person, die den betrieblichen Brandschutz umsetzen will, ist Fachwissen. Ohne Fachwissen gibt es im Leben leider nur drei Möglichkeiten: Nicht zu arbeiten, im Mindestlohnsektor zu arbeiten oder – sorry – in der Politik zu arbeiten. Alles drei ist wenig reizvoll, und deshalb haben wir uns für den vierten Weg entschieden – wir haben einen Beruf gelernt und darüber hinaus jetzt auch eine Zusatzausbildung (eben: Brandschutzbeauftragte/r). Nun ist es das Eine, den Kurs für Brandschutzbeauftragte erfolgreich absolviert zu haben. In 64 Unterrichtseinheiten wurde uns vermittelt, was es an Theorie über Wasserkocher, Handfeuerlöscher, Bauordnungen oder bei 68 °C Temperatur platzende Sprinklerköpfe alles Wissenswertes gibt.

Ideal ist der ausgebildete Feuerwehrmann mit theoretischem Wissen über Brandschutz und anlagentechnischem Spezialwissen; darüber hinaus ein Elektriker mit Berufserfahrung und Brandursachenforscher, der auch noch alle Versicherungsvorgaben kennt und das zweite Staatsexamen der Jurisprudenz in der Tasche hat. Das bin ich nicht und Sie sind es auch nicht – ideal ist die Theorie, die Praxis ist ein Kompromiss, mit dem wir alle gut leben können, sollen und müssen, nämlich normale, aber ehrliche und fleißige Menschen. Menschen wie Sie und ich. Und viele andere. Und so, wie wir sind, bekommen wir das berufliche und private Leben hin, andere schaffen das ja auch. „Wir sind zu wenig und zu kurz ausgebildet, um alle Fachgebiete der Medizin abdecken zu können.“, sagte mir neulich nachts ein Notfallmediziner in einem Krankenhaus; ich schätze sein Alter auf 28 Jahre. Natürlich hat er damit recht, aber das medizinische System in Deutschland klappt ja auch, mehr oder weniger gut, oder?

Menschlich und persönlich

Menschlich sollte man sein, sonst ist man in sozialen Berufen wie Arbeits- oder Brandschutz fehl am Platz. Wer Spaß am Kontakt mit Menschen hat, wer gern überzeugt und nicht überredet, wer gern dazu beiträgt, die kleine Welt im Unternehmen ein Stück besser, sicherer, schöner zu gestalten, der soll sich auf den neuen Beruf freuen.

Und damit sind wir bei Ihnen persönlich. Wer eine feste Vorstellung von seinem Leben hat, ist vielen anderen voraus. Wer wirklich helfen will, der findet Erfüllung, Freude und Spaß nie außerhalb, sondern in sich: In seinem sinnvollen Beruf, in dessen Aufgaben. Sie haben bitte kein sog. Helfersyndrom, sind kein infantiler Gutmensch – aber Sie wissen, was menschliches Leid ist und davor bewahren Sie Ihre Belegschaft. Folgende Punkte passieren bei Ihnen nämlich nicht (Bitte füllen Sie die rechte Spalte selber aus, denken Sie 15 Minuten in Ruhe nach, was Ihnen alles einfällt – bitte schreiben Sie mindestens fünf Punkte hin, die Sie in Ihrem Unternehmen verhindern wollen.):

Das gilt es zu verhindern	**Das fällt mir selbst ein, will ich verhindern**
– Keine explodierenden Li-Akkus im Pkw des Außendienstlers. – Keine Entstellungen bei Pfannenbränden in der Kantinenküche. – Keine Fritteusenexplosionen aufgrund von Löschwasser. – Keine Staubaufwirbelungen durch den falschen Einsatz von Feuerlöschern. – Kein Betreten von verrauchten Fluchtwegen. – Kein brennender Müll, der Gasflaschen anzündet. – Keine feuerbeständige Wand, deren Durchbrüche nicht geschottet sind. – Keine Absauganlage, in der sich ungehindert ein Feuer ausbreitet. – Keine Umkleideräume im Heizungsraum, wo es zu Bränden kommt. – Keine falschen Reaktionen nach einem Entstehungsbrand. – Kein Verschweigen von gefährlichen Situationen. – Keine Verwechslung im Brandfall der verschiedenen Löschmittel. – Und letztlich: Kein Verstoß gegen brandschutztechnische Vorgaben.	1. 2. 3. 4. 5. 6.

Wenn es Ihnen gelingt, die 13 Punkte links und die sechs (Haben Sie mehr gefunden? Das würde mich nicht überraschen, ja das erwarte ich sogar von Ihnen!) Punkte rechts zu verhindern, dann sind Sie der ideale Brandschützer. Ich versuche es auch zu sein, aber es gelingt mir nicht immer; wir müssen eben täglich erneut das Unmögliche angehen, um das Mögliche hin zu bekommen, das gilt beruflich wie privat.

Mit dem Wesen des Mitläufers werden Sie als Brandschutzbeauftragter wohl weniger anecken, und wenn Sie im Strom schwimmen, kommen Sie auch schneller voran (allerdings nach unten) als wenn Sie es gegen den Strom versuchen sollten. Aber es gibt ja nicht nur die beiden Extrempunkte, wir werden uns irgendwo dazwischen befinden, und Kompromisse sind oft nichts Verkehrtes im privaten und im beruflichen Leben des Brandschutzbeauftragten. Was Sie benötigen ist Fleiß und Intelligenz. An der Intelligenz kann man bedingt arbeiten, d.h. wer regelmäßig gute Literatur konsumiert, wird nach Monaten und Jahren (wissenschaftlich belegt) intelligenter – intelligenter und gebildeter. Umgekehrt ebenfalls, wer über Jahre außer TV-Sendungen am Spätnachmittag mit einfachster Unterhaltung konsumierend nicht an sich arbeitet, verdummt langsam. Es gibt u. a. eine 5-teilige Bildungsleiter, die wie folgt aussieht:

Nr.	Wissensquellen	Zeitspanne
0	Hören von anderen	ständig
1	Radio-, TV-Nachrichten, Internet	täglich mehrfach
2	Tageszeitung	täglich einfach
3	Wochenzeitschrift	wöchentlich
4	Monatszeitschrift	monatlich
5	Bücher lesen	regelmäßig; ständig

Nr. 1 ist das niedrigste Niveau (mal von 0 abgesehen) und 5 wäre dann, ggf. in Kombination mit 0–4, die Erfüllung. Wer täglich Nachrichten hört und dies ständig, der ist oberflächlich über das informiert, was gerade populär ist und von dem andere wollen, dass wir es wissen. Bringt eigentlich nichts, machen aber viele. Wer täglich eine Zeitung liest, der bekommt auch das vorgesetzt, was andere wollen, dass es bekannt wird, und das sind selten Fakten, vielmehr Meinungen anderer. Wer drittens eine Wochenzeitschrift (z. B. Spiegel, Focus) liest, bekommt Informationen aus bestimmten politischen Richtungen (die man ja kennt und akzeptiert), und man liest Dinge, die eben über den Tag hinaus Gültigkeit haben. Denn „nichts ist so veraltet wie die Tageszeitung von gestern", so lautet ein deutsches Sprichwort. Wer eine kritische Monatszeitschrift liest, der bekommt schon eher mit, was gesellschaftlich und politisch Sache ist, der steht etwas souveräner da als der, der ständig das Radio laufen hat oder nachmittags schon die sog. „Unterhaltungs-TV-Sendungen" konsumiert und meint, was er dort sehe, sei normal – oder es beruhigt ihn, dass andere sogar noch unter ihm stehen. Wer aber darüber hinaus auch noch Bücher liest, der hat den Gipfel des Olymps erklommen. Der liest nämlich nicht nur ein Buch, sondern regelmäßig, der liest auch mal eine Tageszeitung, ein Magazin und wer monatlich nur zwei Bücher (das ist wenig!) liest, der hat in 10 Jahren 240 Bücher gelesen. Das sind ca. 239 mehr als andere. Es müssen ja nicht 239 brandschutztechnische Fachbücher sein. Wir werden jetzt natürlich nicht nur Brandschutzbücher lesen, aber auch Rhetorikbücher, politische Bücher, Kurzweiliges und viele werden erkennen, wie schön lesen sein kann, wie viel mehr es geben kann, wenn man aktiv liest als wenn man passiv vor dem TV-Gerät sitzt. Und das zeigt uns oftmals auch, dass es eben mehrere Wege gibt, die zum Ziel führen und die alle richtig sein können.

Weiter oben sagte ich, Sie und ich, wir müssen intelligent und fleißig sein und wir können insbesondere den Fleiß beeinflussen; irgendwo in dem großen Feld mit den 4 Buchstaben a, b, c und d befinden wir uns, und da stufen Sie sich jetzt bitte ein (bitte ehrlich sein, es bekommt ja kein anderer mit):

Sie und ich	Intelligent	Unintelligent
Fleißig	a	b
Nicht fleißig	c	d

Ich garantiere Ihnen, dass Person c) scheitern wird als Brandschutzbeauftragter (c ist die intelligenteste Person von den Vieren!), aber Person b) nicht und dass a) ideal wäre und d) aussortiert gehört, muss wohl nicht näher erläutert werden. Aber mit Fleiß lässt sich vieles ausgleichen, und eine Tatsache muss noch erwähnt werden: Unintelligente Menschen gibt es nur wenige, faule (also nicht fleißige) aber viele. Also konzentrieren Sie sich auf sich, verändern, verbessern Sie sich und mit dem Fleiß und dem Wissen wächst auch die Intelligenz. Das ist doppelt positiv, denn mit dem Erfolg kommt die Freude an der Arbeit, die schneller und besser von der Hand geht und dann steigt der Fleiß, ohne dass man das beeinflussen muss.

Der Arbeitsplatz

Wir benötigen einen Arbeitsplatz, der diesen Namen auch verdient. Das muss jetzt kein Einzelbüro sein, aber es muss ein starrer oder flexibler Sitzplatz mit Internetanschluss sein und einem Regal für Ordner, Zeitschriften und Bücher. Menschen sind unterschiedlich, manche fühlen sich im Einzelbüro isoliert, andere empfinden das Einzelbüro wiederum als Ehre! Ideal ist natürlich ein fester Arbeitsplatz und kein ständig wechselnder. Warum? Nun, wir haben Unterlagen, die es auch heute noch eben ausschließlich in Papierform gibt und dafür brauchen wir ein Regal mit Ordnern, Zeitschriften, Akten und Büchern. Technische Regeln, mit Bleistift und Textmarker bearbeitet, liegen in diesen Regalen, ASA-Protokolle, Angebote und vieles mehr. Manche Menschen fühlen sich in einem Ein-Personen-Büro ausgegrenzt, andere können in einem Großraumbüro aufgrund der ständigen Beschallung nur schlecht konzentriert arbeiten. Wie auch wir nie ideal sind, so ist es auch der Arbeitsplatz nie und man muss eben das Beste draus machen bzw. dahingehend einwirken. Ich finde z. B. einen Arbeitsraum dann ideal, wenn darin noch 2–3 Kollegen sitzen, die ich fachlich und menschlich schätze und mit denen ich mich austauschen kann. Ja das finde ich sehr motivierend. Wenn diese dann eine etwas abweichende Ausbildung und andere Berufserfahrungen mitbringen, umso besser! Unser Arbeitsplatz sollte räumlich so platziert sein, dass wir nicht abseits sitzen, dennoch aber ungestört arbeiten können. Andere müssen problemlos und zügig zu uns gelangen und auch wissen, dass das ausdrücklich gewünscht ist. Also wäre ein Tisch ideal, der am Ende abgerundet ist, und dort kann man sich auch mal zu dritt oder zu viert hinsetzen, sprechen, Pläne an die Wand hängen und einen Kaffee trinken. Tee oder Mineralwasser wäre auch okay. Aber Alkohol, das konsumieren wir bitte – wenn überhaupt – erst nach der Arbeitszeit und dann außerhalb des Unternehmens. Wir sind Profis und dazu gehört Fachwissen, Solidität, 0,0 ‰ Alkohol und Sachlichkeit.

Die Belegschaft

Die Belegschaft wartet nicht unbedingt auf uns, auf unsere Veränderungen und Ideen. Manche schon, aber das ist die Ausnahme. Wir müssen also diese Menschen für uns einnehmen, überzeugen. Das ist gar nicht so einfach, aber auch gar nicht so schwer – je nachdem, wie man es sieht. Wir müssen solide, zuverlässig, fleißig und fähig sein. Dürfen Konflikte nicht scheuen und müssen uns für Menschen und deren sicherheitstechnische Interessen einsetzen. Wenn das gelingt und bekannt geworden ist, dann – und erst dann – haben wir gewonnen. Also arbeiten wir effektiv und effizient und konstruktiv mit den Fachkräften für Arbeitssicherheit zusammen. Wir ergänzen uns und stellen uns bei der nächsten Schulung kurz vor und bringen dabei den Brandschutz in den Mittelpunkt: konkrete Handlungsanweisungen und kein Ablesen von Gesetzestexten, keine theoretischen Abhandlungen, die mit der täglichen Praxis nichts zu tun haben.

Unsere Motivation

Ich kenne Ihre Motivation nicht, Brandschutzbeauftragter zu werden. Aber ich hoffe, es sind edle Motive. Wenn Sie einen Anschub benötigen, so möchte ich Ihnen zwei wahre Erlebnisse aus meinem beruflichen Anfang erzählen und ich hoffe, anschließend verstehen Sie, wie schön es sein kann, menschliches Leid verhindern zu helfen – sei es im Arbeitsschutz oder im Brandschutz.

Erstens: Ein Praktikum bei einer berufsgenossenschaftlichen Institution, Freitag 14:30 Uhr. Der TAB (damals: Technische Aufsichtsbeamte) im Alter von ca. 50 Jahren begann den Schreibtisch zu räumen und freute sich auf das seiner Meinung nach verdiente Wochenende. Da kam ein Anruf, ein wohl tödlich verlaufender Brand auf der großen Baustelle eines Konzerns. „Scheiße, hätte der nicht heute früh verunglücken können!", mit diesen Worten fuhren wir zu der Baustelle – wohl wissend, dass wir vor 19 Uhr nicht zu Hause sein werden. Der Wert der persönlichen Freiheit am Wochenende stand weit über dem Ideal, Menschen zu schützen oder sich um deren Angehörige zu kümmern – oder, noch besser: durch eine Begehung präventiv die Gefahrenstelle zu erkennen und den tödlich verlaufenden Brand zu verhindern. Emotionslos wurden am Freitag und die Woche darauf Formulare ausgefüllt – ohne dass der jetzt tote Mensch, die Verbesserung des Brandschutzes im Vordergrund stand oder gar hinterfragt wurde.

Zweitens: Die jung verheiratete Frau arbeitete in der Großküche, als plötzlich die Fritteuse zu brennen begann. Das Feuer war nicht bedrohlich, aber falsche Reaktionen können in solchen Situationen zu lebensbedrohlichen Situationen führen. Die Frau warf die Löschdecke über die Flammen, entzündete dabei ihre Kleidung, ihre Haare und letztlich auch ihren Körper. Als sie als „geheilt" das Krankenhaus verließ, reichte der Ehemann aufgrund der sichtbaren und bleibenden optischen Veränderungen am Gesicht und Körper seiner Frau die Scheidung ein. Hätte vorab eine engagierte Person den Einsatz von F-Handfeuerlöschern erläutert, die wenigen Brandgefahren in Küchen und deren Prävention wie auch das korrekte kurative Brandverhalten und hätte sie die seit ca. dem Jahr 2000 nicht mehr aktuelle Löschdecke aus der Küche entfernen lassen, dann wäre das Leben dieser Person wohl heute noch so, wie man es ihr und allen anderen wünscht.

Ich verspreche Ihnen, beide Geschichten sind wahr. Und beide Geschichten haben mich damals, als ich sie erlebte, negativ und bleibend beeinflusst. Heute, nach über 35 Jahren beruflicher Tätigkeit denke ich noch fast täglich daran und bin innerlich glücklicherweise nicht so abgestumpft wie diese ja eigentlich bedauernswerte Person bei der BG – auch wenn ich mittlerweile schon über 60 Jahre alt bin. Und ich freue mich, dass ich nach wie vor am Nachmittag nicht auf die Uhr blicke, wann ich „endlich“ frei habe, sondern ich freue mich, wenn die Arbeit fertig ist (was sie natürlich nie ist) bzw. wenn ich mal wieder dazu beigetragen habe, ein Unternehmen ein Stück sicherer zu gestalten. Das ist für mich befriedigender als spekulativ Geld zu duplizieren oder über möglichst viel freie Zeit zu verfügen.

Respekt verdienen

Wir wollen berufliche Anerkennung, wir benötigen sie sogar. Nur Menschen, die man anerkennt, deren Leistung und deren Fachwissen gefragt ist, bekommen Fragen gestellt, gelten als Respektspersonen. Dermatologen, Elektriker, Rechtsanwälte, Krankenschwestern – je nachdem, wo das Problem sitzt, befragen wir andere Personen. Und uns fragt man zu den Themen des Brandschutzes. Von keiner befähigten Person wird verlangt, alles sofort beantworten zu können, aber man findet eine Lösung oder kennt jemand, der die Lösung weiß oder wo man nach ihr suchen kann.

Mitleid bekommt man geschenkt, Vertrauen muss man sich verdienen – und dieses Vertrauen fußt auf Anerkennung, die wiederum auf Fachwissen beruht. Anerkennung ist das Ziel, bitte nicht Bewunderung.

Unser Beruf hat viel mit Moral zu tun. Dazu gehört u. a., dass man zu Hause bleibt und zum Arzt geht, wenn man krank ist. Dazu gehört nicht, wenn Di. oder Do. ein Feiertag ist, am Mo. oder Fr. „krank“ zu sein – unabhängig davon, ob man eine Krankschreibung benötigt oder nicht. Und wenn wir krank sind, bleiben wir auch an diesen „Brückentagen“ zu Hause, um andere nicht anzustecken und um gesund zu werden – der Unterschied zu den „krankfeiernden“ Personen ist, dass wir wirklich krank sind und andere das auch wissen. Nun folgen drei verschiedene, aber an sich angrenzende und aufeinander aufbauende Folgegebiete mit Unterpunkten. Sind Sie sich gegenüber offen und absolut ehrlich und beantworten Sie sich zunächst, wo es Defizite bei Ihnen gibt und dann, wie Sie diese minimieren oder gar gänzlich beseitigen. Es ist schwer bis unmöglich, sich selbst objektiv zu sehen, aber den Versuch sollten Sie und ich schon starten. Sie werden Veränderungen und Verbesserungen selbst spüren, andere auch und Sie können und werden sich verändern, egal ob Sie jung sind, im Mittelfeld liegen oder auf die Rente zugehen.

„Nicht wirken“ gibt es nicht. Jeder Mensch hat eine Ausstrahlung, ein Wesen, eine Art, eine Stimmlage, eine Tonhöhe, eine uns eigene Wortwahl, eine Körperhaltung. Das kommt in den Situationen A bzw. B bei den Personen C und D anders an als wieder aus anderen Blickwinkeln von anderen Personen, d. h. 100 % Akzeptanz anzustreben kann und soll nicht das Ziel sein. Nun gibt es drei Bereiche mit jeweils sechs Unterpunkten, die uns Menschen ausmachen, wie Sie gleich sehen werden:

A) Sachlich/fachlich
B) Menschlich
C) Persönlich

Diese Punkte sollen und müssen wir bewusst angehen, wenn wir wirken wollen. Es gibt Menschen, die wie ein aufgeblasener Pfau wirken, bei anderen spürt man schon die Persönlichkeit, wenn sie einen Raum betreten. Was macht diese Menschen aus, was unterscheidet sie von anderen? Es sind die drei oben aufgeführten Punkte, die jeweils mit 6 Punkten (also 18) erläutert werden. Ach ja, es gibt noch einen 19. und einen 20. Punkt, nämlich unsere optische Erscheinung und Macht; die Macht (z. B. der CEO, ein Milliardär, die Ministerpräsidentin) hat auch eine ganz eigene Ausstrahlung, doch Brandschutzbeauftragte gibt es bei solchen Personen eher nicht, also müssen wir zu den folgenden 18 Punkten zurück.

Und mit Kleidung, Blickhaltung und vielem mehr haben wir eben eine solche oder eine solche Wirkung auf andere. Wie gesagt, keine Wirkung gibt es nicht. Achten Sie mal auf andere, im TV, bei Reden, bei Feiern und analysieren Sie, was Ihnen gefällt und warum es Ihnen gefällt. Wie betritt der Chef die Kantine, wie bewegen und verhalten sich andere? Hochinteressant, auch bestimmte Unterwürfigkeiten, die Sie bei manchem Menschen sehen. Manche treten selbstbewusst, manche arrogant auf, andere unsicher und flatterhaft. Sie sollen sich nicht verbiegen, sich immer selbst treu bleiben – aber Sie sollen sich verbessern und müssen die Punkte eben kennen um zu wissen, wo Sie ansetzen müssen. Und sie sollen solide auftreten, das passt zu unserem Beruf; egal ob in der Kantine, bei einer Besprechung oder einem zu haltenden Vortrag. Und wenn dann das Verhalten in der Freizeit auf dem Fußballplatz, im Straßenverkehr oder beim Einkaufen sich damit deckt, ist es nicht nur wünschenswert, sondern eine absolute Notwendigkeit – wer jetzt asozial auffällt, etwa als Rüpel auf dem Fußballplatz oder betrunken im Straßenverkehr, der hat auf Sand gebaut und wird sein berufliches Waterloo erleben. Nachfolgend finden Sie die drei Bereiche mit jeweils sechs Unterpunkten, die dann in der dritten Spalte kommentiert werden. Wo man an sich arbeiten kann, also die Verbesserungsansätze, das findet sich in der vierten Spalte ganz rechts. Gehen Sie das ruhig und langsam an und überfordern Sie sich nicht. Wenn Sie sich ab jetzt verstellen, wirkt das kontraproduktiv und lächerlich. Spüren Sie bei Unterhaltungen, wann Leute zuhören, wann weghören, wann unterbrechen und welche Tonlage oder Wortwahl wie ankommt.

Beginnen wir mit Teil A (Sachliches, Fachliches zum Thema Brandschutz).

Nr.	Sachlich/fachlich	Kommentar dazu	Ihre Verbesserungsansätze
1	Fachwissen	Fachwissen ist die Grundlage für alles; wer außerhalb der Politik arbeitet, benötigt solides Fachwissen. Wenn Sie das noch nicht haben, fangen Sie zuallererst damit an – werden Sie Brandschutzbeauftragter. Lesen, leisten Sie mehr als von Ihnen erwartet wird, das macht Spaß!	– Ausbildung – Weiterbildung – Bücher – Zeitschriften – Internet – Berufserfahrung
2	Kontakte	Sie sind kein Einzelkämpfer, sondern Sie sind ein Teamplayer. Sie benötigen Kontakte in viele Richtungen und müssen diese sinnvoll, konstruktiv und ehrlich bzw. fair nutzen. Wenn uns andere nicht helfen, uns unterstützen, haben wir verloren. Auch andere sich manchmal auf uns angewiesen. Kontakte sind nichts „unanständiges", d. h. das dürfen sie nicht werden – Kontakte sind nötig.	– Geschäftsleitung – Führungskreis – SiFa – Berufsgenossenschaft – Feuerversicherung(en) – Gewerbeaufsicht – Feuerwehr – Betriebsrat
3	Rhetorik	Wir alle können lediglich verbal kommunizieren. Unsere Wortwahl ist unsere „Waffe" und deshalb müssen wir diese gut, passend, richtig einsetzen. Nicht um andere zu verletzen (auch das geht mit Worten), sondern um andere zu überzeugen. Wer nicht gut reden kann, soll den Beruf des Brandschutzbeauftragten bleiben lassen (also aufgeben). Doch aufgeben ist im Leben nie die richtige Entscheidung, also (besser!) sich verbessern. Das ist für jede Person machbar!	– Rhetorikkurs – Präsentation ausarbeiten – Moderationskurs – Fachbuch Rhetorik – Internet-Filme ansehen – Von anderen lernen – Zuhören – Rede ausarbeiten und halten
4	Bestellung	Wir müssen als mit dem Brandschutz beauftragte Person bestellt werden und das geht nur schriftlich. Darin steht, was wir dürfen und müssen, also schlicht, was von uns erwartet wird. Das müssen wir auch anderen mitteilen, in deren Kompetenzen wir eingreifen.	– Schriftliche Bestellung liegt vor/kommt – Darin steht klar, was wir dürfen und müssen – Das muss anderen vermittelt werden

Nr.	Sachlich/fachlich	Kommentar dazu	Ihre Verbesserungsansätze
5	Firmenwissen	Die Ausbildung für Brandschutzbeauftragte ist theoretisch und allgemein. Da sitzen Personen aus Hotels, Büros, Produktionsstätten, Krankenhäuser und aus der Logistik. Nun müssen Sie dieses Fachwissen individuell auf die örtlichen Probleme und Gegebenheiten übertragen können.	– Bereiche kennen bzw. kennenlernen – Abläufe verstehen – Personen kennen – An verschiedenen Sitzungen teilnehmen
6	Einsatzbereitschaft	Über die Monate und Jahre bekommt jeder schnell einen weitgehend objektiven Eindruck, wer wirklich was leistet, und wer lediglich anwesend ist. Gehören Sie zu den Leistungsträgern, setzen Sie sich für den Brandschutz ein. Das merken die Personen in Ihrem Unternehmen!	– Wer Freude an der Arbeit hat, dem fällt nicht um 16 Uhr der Stift aus der Hand – Arbeiten Sie zügig, aber nicht hastig

Haben Sie hier Nachholbedarf? Ich schon, und ich arbeite daran! Gehen Sie die Spalten noch einmal in Ruhe durch und überlegen Sie sich, woran Sie wie arbeiten wollen bzw. müssen. Ich verspreche Ihnen, wir werden besser – wenn wir an uns arbeiten. Übrigens, wer an seinen Fähigkeiten arbeitet, erreicht ggf. Spitzenwerte – wer an seinen Schwächen arbeitet, erreicht ggf. Mittelmaß – das ist jetzt kein Widerspruch zu der Bitte, an beidem zu arbeiten, aber eine interessante Aussage eines Coaches, deshalb wurde sie hier wiederholt. Und nun gehen wir zu den sechs menschlichen Punkten über, die nicht nur im Brandschutz, sondern auch im sonstigen privaten Bereich Ihr Leben positiv beeinflussen können, so Sie daran arbeiten und, wie viele andere auch, auf solche Dinge achten:

Teil B (Menschliches zum Thema Brandschutz)

Nr.	Menschlich	Kommentar dazu	Ihre Verbesserungsansätze
1	Zuhören	Vom Zuhören lernt man, nicht vom Sprechen. Zuhören bedeutet, die Sorgen und Probleme anderer ernst zu nehmen, sie aufzusaugen. Weniger selbst reden und mehr anderen zuhören – das wäre für viele Probleme in unserem täglichen Leben die Lösung! Und danach kann man überlegt, kurz und prägnant auf Themen antworten.	– Achten Sie bewusst auf die Relation Reden/Hören – Personen fühlen sich meist wohler, wenn sie reden dürfen und andere zuhören – Versuchen Sie zwischen den Zeilen zu lesen (was will der andere sagen, vermitteln?)
2	Eingehen	Wer die Befähigung hat, auf andere einzugehen, ist vielen voraus. Das Zuhören ist die Grundlage, doch empathisches Verhalten ist leider nicht jeder Person gegeben. Egal ob Chef, Vereinsmitglied, Betriebsrat usw., jeder hat einen anderen Blickwinkel, andere Ziele/Interessen.	– Versetzen Sie sich in die andere Person und sehen Sie die Welt aus deren Blickwinkel – Googeln Sie bestimmte Begriffe im Internet, lesen Sie viel darüber und verbessern sich – Zeigen Sie Verständnis
3	Problemlösend	Manche Menschen sind nur dann gesund, wenn sie krank sind und solche sind auch in Ihrer Firma. Beseitigen Sie deren destruktives Denken. Probleme sind da, um beseitigt zu werden, und zwar dauerhaft und konstruktiv.	– Dinge verändern – Dinge anschaffen – Arbeitsabläufe umstellen – Chef zu Veränderungen motivieren
4	Sympathie	Wir kennen alle Menschen, die uns von Anfang an sympathisch sind und solche, die es nicht sind; denen geht es mit uns oft ebenso. Dieses ist jedoch höchst unprofessionell, wir müssen beruflich neutral mit allen auskommen können.	– Konzentration auf die Sache – Emotionen außen vorlassen – Ehrlich und fair kommunizieren – Auch „Feinden“ mal helfen (das fällt ggf. positiv zurück) – Loben können, Dank zeigen
5	Vertrauen	Vertrauen ist die Grundlage unseres gesamten Lebens. Wir müssen und wir wollen anderen vertrauen, aber eben auch mal andere kontrollieren und verbessern.	– Aufgaben übertragen – Offen und ehrlich Erwartungen artikulieren – Enttäuschungen akzeptieren
6	Loyalität	Sie arbeiten für Ihre Firma und sind für die Verbesserung des Brandschutzes da. Sie arbeiten nicht für sich, aus Eigennutz. Unsere Firma, auch wenn wir mit den Entscheidungen der Geschäftsleitung nicht zufrieden sind, ist unsere Firma! Und dafür setzen wir uns ein.	– Die Arbeit persönlich nehmen – Für die Verbesserung des Brandschutzes kämpfen – Auch bei menschlichen Problemen diese außen vorlassen und weiter machen

Dass das in der Praxis alles nicht so einfach ist, leuchtet jedem ein. Glauben Sie, dass die engagierten Feuerwehrleute in Deutschland allabendlich nach Hause gehen (oder früh morgens nach der 24-Stunden-Schicht) und sich ständig gegenseitig nur mögen, loben, vom Chef befördert werden usw.? Nein!

Nun kommen wir zum dritten großen Themenkomplex, dem persönlichen. Persönliche Aspekte grenzen direkt an die menschlichen an, wie Sie gleich lesen werden und auch hier haben wir sechs Themenfelder zusammengestellt:

Teil C (Persönliches zum Thema Brandschutz)

Nr.	**Persönlich**	**Kommentar dazu**	**Ihre Verbesserungsansätze**
1	Toleranz	Lat. „tolerare" bedeutet erleiden, erdulden, ertragen. Toleranz ist also etwas, was man erduldet – etwa eine andere Meinung. Das ist gesellschaftlich, politisch und firmenintern nötig. Und auch im Brandschutz gibt es abweichende Meinungen, die man tolerieren muss als ehrlicher Demokrat. Wäre nur unsere Meinung immer richtig, korrekt, wäre das ja eine schlimme Diktatur. Das Zauberwort heißt Kompromiss!	– Mehrere Meinungen aus unterschiedlichen Richtungen anhören, überdenken – Konsumieren Sie Literatur aus verschiedenen Richtungen – Versetzen Sie sich in Ihr Gegenüber (Chef, Arbeiter, ...) und verstehen deren Blickrichtung – Fakten statt Emotionen
2	Kampfbereitschaft	Wenn wir der Meinung sind, dass eine Situation wirklich gefährlich ist, müssen wir für die baldmögliche Abstellung kämpfen. Da wird es Widerstand geben und da dürfen wir nicht aufgeben. Ggf. nutzen wir die Seilschaften (BR)?	– Überzeugend sprechen – Schreiben, argumentieren – Reden, Diskutieren – Noch mal reden – Dritte zu Hilfe holen – Nachdruck zeigen
3	Ehrlichkeit	Ehrliche Menschen sind begreifbar, aber damit auch angreifbar. Bleiben Sie dennoch ehrlich, das kommt langfristig wirklich gut an, macht uns auch sympathisch und menschlich und ist auch ganz wichtig für unseren Beruf als Brandschutzbeauftragter.	– Ehrlich sein bedeutet, nie bewusst zu lügen – Erfinden Sie keine billigen Ausreden, Notlügen, das haben Sie (hoffentlich) nicht nötig

Nr.	Persönlich	Kommentar dazu	Ihre Verbesserungsansätze
4	Mut	Ehrlichkeit und Mut sind untrennbar miteinander verbunden. Halten Sie zum Brandschutz, zu den gefährdeten Personen und haben Sie eine fachlich fundierte Meinung. Dazu gehört, gerade in der heutigen Zeit, Mut. Das Leben macht mutigen Menschen, also echten Persönlichkeiten, übrigens deutlich mehr Spaß!	– Man muss sich eine Meinung bilden und zu der stehen – Man muss seine Meinung auch ändern, so falsch – Man muss lernen, ja oder nein zu sagen – Mutige Menschen trauen sich etwas, ohne übermütig zu werden
5	Kontaktfähigkeit	Kontaktscheue Menschen blicken anderen nicht ins Gesicht, sie weichen im Blick und auch körperlich aus und wirken nicht (sympathisch). Das darf uns nicht passieren, wir sind bitte kontaktfähig und freuen uns auf Gespräche – am besten persönlich, Gesicht zu Gesicht. Gespräche über die Verbesserung des betrieblichen Brandschutzes.	– Kontaktfähigkeit kann man lernen, sich aneignen! – Blicken Sie anderen beim Sprechen in die Augen – Sprechen Sie lebhaft – Versuchen Sie bei Gesprächen, eher die Mundwinkel noch oben zu ziehen
6	Fleiß	Zuverlässigkeit und Fleiß sind elementar wichtige Tugenden, ohne die nichts verbessert wird. Fleißige Menschen haben mehr Erfolg, mehr Freude am Leben; sie sind gesünder und strahlen deutlich mehr aus.	– Wer fleißig arbeitet, bei dem vergeht die Zeit schneller – Wir spüren bei anderen, wer faul und wer fleißig ist und andere spüren das bei uns

Diese Punkte wie Fleiß, Mut und Kampfbereitschaft sollen nicht dazu führen, dass wir uns ins Abseits manövrieren – im Gegenteil. Jeder hat einen gesunden Menschenverstand und weiß, welcher Ton wo passend ist. Mal gibt man nach, mal bessert man am nächsten Tag nach, mal macht man eben Plan A2 oder hält die Hände ruhig (zwei Zitate von Merkel und Schröder). Und beide Verhaltensmuster sind in der jeweiligen Situation richtig.

An sich arbeiten ist ein Prozess, der das ganze Leben abläuft, und das ist auch großartig. Wer die vielen guten, philosophischen Kurzgeschichten (zum Teil nur ein Satz) „Geschichten von Herrn Keuner“ von Bertold Brecht nicht kennt, dem sei hier eine erzählt. Person A zu Herrn K., die beiden sahen sich lange nicht: „Oh, Sie haben sich gar nicht verändert!“ Herr K. erblasste. Damit ist die Geschichte aus und ich denke, ich muss sie nicht erläutern, oder doch? Person A wollte ein Kompliment (über das Aussehen) machen, Herr Keuner ist enttäuscht, dass er sich nicht weiterentwickelt hat. Je älter, lebenserfahrener wir werden, umso souveräner werden viele – doch es gibt natürlich auch Personen, die an sich nicht arbeiten und sich somit nicht verändern. Menschen, die eben

30 Arbeitsjahre das Identische tun und am letzten Arbeitstag auf dem Niveau des Berufsanfängers sind. Schlimm!

Ein letzter Tipp: Bleiben Sie kritisch und stehen Sie zu sich. Kritisch zu sich, zu anderen und zu mir, meinen o. a. Worten gegenüber. Verstellen Sie sich nie im Leben, und Sie werden akzeptiert werden. Das ist gar nicht so schwierig, versprochen! Professor Dr. Harald Lesch (Sie kennen ihn vielleicht aus dem TV) sagte einmal sinngemäß so treffend in seinen weltphilosophischen Betrachtungsweisen: *„Bauen Sie im Gegensatz zur Natur und zur Technik auf Glaube, Hoffnung und Vertrauen; und wenn Sie noch etwas religiös gefestigt sein sollten, dann auch auf Liebe."* Es wirkt doch manchmal höchst befremdlich, wenn es nur homogene Aussagen bei Politik und Presse gibt – ein eigentlich kritisches Instrument der Demokratie lässt sich missbrauchen ... Wir als Brandschutzbeauftragte indes dürfen uns so eine Anbiederung nicht erlauben.

1 Argumente für ein Mehr an Sicherheit

Das Hauptargument für Sicherheit ist bitte die Gesetzgebung. In einem Gesetz, in einer Verordnung steht ganz konkret etwas und das ist umzusetzen. Und dagegen gibt es keine Argumente. Wenn etwas gefordert ist, wird es umgesetzt: Datenschutzgesetz, Bauordnung, Verkehrsrecht, Arbeitsschutz usw. – diese Dinge werden ggf. mal privat diskutiert, beruflich aber professionell umgesetzt. Ein sehr emotionales Argument für ein Plus an Sicherheit ist die zunehmende Kaltschnäuzigkeit unserer Gesellschaft: Wir alle (Personen, Unternehmen), wir müssen funktionieren wie eine ständig im Takt laufende Maschine; den Takt kann man nach unten und oben regulieren. Wer oder was nicht mehr funktioniert, wird zügig und dauerhaft ersetzt; das erleben wir mit Politikern, mit Vorständen, mit Brandschützern – aber eben auch mit Unternehmen und Produkten. Keiner, nichts, niemand ist unentbehrlich. Also müssen wir dafür sorgen, dass wir unentbehrlich sind – in diesem Fall unser Unternehmen, dessen Produkte oder Dienstleistungen andere einkaufen. Leisten wir das nicht, wird diese Lücke sehr schnell von anderen (Firmen, Ländern, Personen) gefüllt, und bleibt es dann oft auch.

Die Toleranz gegenüber Leid lässt nach, auf allen Gebieten – und das ist auch gut so. Hat man vor ca. 50 Jahren noch über 7-mal so viele Verkehrstote akzeptiert, vor 20 Jahren noch knapp 3-mal so viele Brandtote (und auch die Arbeitsplatz-Toten gingen um über 50 % zurück in den letzten 5 Jahrzehnten), so sind die aktuellen Toten, Verletzten und Behinderten immer genau je einer zu viel. Dieser Ansatz ist richtig, unser Ziel muss es sein, keine Unfälle, keine Brände, keine Umweltskandale, keine Betriebsunterbrechungen mehr zu haben. „Das Unmögliche versuchen, um das Mögliche zu erreichen."

1.1 Gesetze, Verordnungen, Regeln und Klauseln

Wie eingangs des Kapitels aufgeführt, es gibt eine Vielzahl an Vorgaben, die es nun mal gibt, und die eingehalten werden müssen. Insbesondere Unternehmen müssen Vorgaben einhalten, denn die Medien berichten zunehmend kritischer über Unternehmen, wenn dort Verstöße bekannt geworden sind und die schweigende Mehrheit, also die Verbraucher, zeigen durch verändertes Kaufverhalten, dass sie offenbar doch nicht so schweigend sind.

Wir Brandschützer sind oftmals die Überbringer von schlechten Nachrichten, nämlich den konkreten Inhalten von Vorgaben. Dabei geht es jetzt eben darum, a) Gesetze zu kennen und b) sie möglichst zügig, richtig und effektiv wie effizient umzusetzen. Wobei „effektiv" bedeutet: wirksam, lohnend, wirkungsvoll und nutzbringend; während „effizient" die Effektivität zum jeweiligen Aufwand in Relation setzt.

Das ist vergleichbar mit den beiden Begriffen Arbeit und Leistung, denn Arbeit je Zeiteinheit ist Leistung und wer in der halben Zeit die gleiche Arbeit geschafft hat, hat demzufolge das gleiche gearbeitet, aber die doppelte Leistung gebracht. Zwei unterschiedlich trainierte Marathonläufer absolvieren die ca. 42 km in 2,5 Stunden und 5 Stunden – beide sind effektiv, der Zügigere ist jedoch effizienter. Oder im Brandschutz: Person A benötigt 1 Stunde Schulung, Person B bringt die inhaltlich wesentlichen Punkte jedoch in 30 Minuten ins Auditorium. Also, wir müssen immer überlegen, wie wir nicht nur effektiv, sondern effizient sind – und das gefällt dann auch der Geschäftsleitung, die von brandschutztechnischen Verbesserungen bitte auch etwas mitbekommt; durch wen, wenn nicht durch uns? Arbeiten Sie als Brandschützer bitte gut mit der Fachkraft für Arbeitssicherheit zusammen und lesen Sie die wenigen Seiten des Arbeitssicherheitsgesetz (ASiG) durch, insbesondere die Paragraphen, die sich mit den Aufgaben beschäftigen, und da finden Sie auch Vorgaben, dass die Geschäftsleitung sich aktiv um den Kontakt mit den für die Sicherheit und den Gesundheitsschutz beauftragten Personen kümmern muss.

1.2 1 × 100 = 100 × 1; das stimmt in der Mathematik, aber nicht im Brandschutz!

Durch Ladendiebstahl entsteht in Deutschland ungefähr der gleiche Schaden wie durch Brände. Nun ist es aber zum einen nicht möglich, exakte (also ehrliche) Zahlen zu den Kosten von Ladendiebstählen zu bekommen (auch aufgrund der Schadenhöhe, die in brutto oder netto angesetzt werden kann) und ebenso wenig ist es möglich, exakte Zahlen über Brände und deren Kosten zu bekommen: Es gibt versicherte und nicht versicherte Brände, es gibt jedoch keine zentrale Institution, die alle Brände quantitativ und qualitativ erfasst. Brände passieren in der Industrie, privat, im Gewerbe, beim Staat, in der Landwirtschaft, es gibt viele nicht gemeldete und nicht regulierte Brandschäden und dann sind die vielen und hohen indirekten Kosten von Bränden (Umsatzrückgänge, Konkurse) auch nicht ansatzweise objektiv erfassbar.

Der Vergleich Ladendiebstahl zu Bränden ist aber dennoch recht interessant, denn beide Schadenhöhen sind in etwa identisch, in der gleichen Dimension. Nun geht aber kein Unternehmen aufgrund von Ladendiebstahl insolvent, einige jedoch aufgrund von Bränden. Und somit wird klar: Wenn ein wirtschaftlich nicht so tragisches Ereignis wie Ladendiebstahl über einen bestimmten Zeitabstand 100-mal passiert, ist das anders zu werten, als wenn ein tragisches Ereignis wie ein Abbrand über einen sehr kurzen Zeitabstand einmal passiert. Natürlich ist 100 × 1 = 1 × 100, aber das gilt eben nur in der Mathematik.

Nun brennt es ja relativ selten – aber, sorry, wir sterben ja auch relativ selten. Beim Tod ist es wie beim totalen Abbrennen, einmal reicht und man ist verschwunden. Großbrände passieren abhängig von der Unternehmensart alle 180–3.600 Jahre, statistisch gesehen – bei den harmlosen Unternehmensarten also 20mal seltener als bei kritischen, und so werden dann auch die Versicherungsprämien kalkuliert. Aber auch wenn ein Großbrand nur vielleicht alle 180 Jahre vorkommt und wir Menschen 40–50 Jahre arbeiten, dann ist es immer noch eher unwahrscheinlich, dass der Brand genau in dieser relativ kurzen Spanne passiert. Und das ist auch der Grund, warum Brandschutz eben nicht täglich auf dem Schirm der meisten Menschen aufleuchtet, das muss uns Brandschützern bitte auch verständlich sein. Nein, die meisten Menschen haben andere Dinge in ihrem Beruf umzusetzen und da ist Brandschutz störend, nervend, aufhaltend oder er kostet und bringt dann ja angeblich doch nichts.

Viele verdrängen mögliche, aber negative Vorkommnisse wie Unfälle, Krankheiten und Brände logischer und ggf. auch intelligenter Weise aus ihrem Leben, aber das ist nicht der richtige Schritt: Nicht damit rechnen bedeutet ja nicht, dass das nicht eintritt. Damit rechnen und präventiv Schritte dagegen zu unternehmen, das ist professionell, richtig und sinnvoll. Und wenn diese Schritte jetzt nicht nur effektiv, sondern sogar effizient sind, dann ist allen geholfen. Wir fahren ja auch vernünftig Auto wenn Schnee liegt oder Blätter auf der nassen Straße liegen, wenn Kinder sorglos am Straßenrand umhertollen oder wenn wir übermüdet sind bzw. uns unsicher sind, weil wir zum ersten Mal an dieser Stelle sind.

1.3 Mögliche Reaktion von Versicherungen auf Brände

Versicherungen nehmen einen geringen Promillesatz des Werts eines Unternehmens jährlich als Prämie, um im Schadenfall die Gesamtversicherungssumme auszubezahlen. Wer einmal abgebrannt ist, der hat die Prämie von (unternehmensabhängig) den eben aufgezeigten 180 Jahren an einem Tag verbraucht und ist damit für Jahrhunderte unattraktiv für die Versicherung geworden. Diese richtige, aber dramatische Aussage soll zeigen, wie schnell sich die Perspektive wechselt, also wie schnell ein Unternehmen von „reizvoll" zu „unerwünscht" wechseln kann aus dem Auge der Versicherungen. Und einmal von der Versicherung gekündigt warten jetzt nicht andere Feuerversicherer schon auf dem Markt, um sich ggf. den nächsten Großschaden in die Bücher schreiben zu lassen.

Versicherungen müssen Schäden regulieren (also nach einem juristisch vorgegebenen Ablauf analysieren) und häufig auch begleichen. Und anschließend folgt dann nicht selten eine Kündigung, ordentlich oder außerordentlich. Damit ist nun dem Kunden nicht geholfen. Versicherungen haben deshalb – weil sie ja im Gegensatz zum Staat für Schäden wirtschaftlich geradestehen müssen – andere und höhere Vorgaben, Auflagen, Klauseln sowie auch Obliegenheiten als Behörden. Diese Auflagen können etwas variieren, aber die „bessere" Versicherung ist nicht unbedingt die, bei der weniger an Sicherheitstechnik gefordert wird und auch nicht unbedingt die, die eine geringere Prämie in Rechnung stellt. Die bessere Versicherung ist die, die das Unternehmen als Partner sieht und dem will man dazu verhelfen, dass es möglichst nie brennt und wenn doch, dann so, dass die Schäden vertretbar gering sind.

Versicherungen haben Klauseln und Obliegenheiten, und mit beidem muss man zurechtkommen. Klauseln sind pauschal überall identische Textbestandteile in den Versicherungsverträgen, die bestimmte Ziele verfolgen, etwa Ausschlüsse oder besondere Verhaltensmuster. Verstöße gegen Klauseln können lt. Versicherungsvertragsrecht dazu führen, dass der Versicherer sein Zahlungsverhalten nach einem Schaden relativieren darf – was eben bedeutet, dass man vielleicht nur 17 oder 35 oder 50 % und nicht die erwarteten 100 % ersetzt bekommt. Klauseln müssen also im Vertrag stehen und der Vertrag muss von beiden Vertragspartnern freiwillig unterzeichnet werden. Eine Obliegenheit indes ist etwas, was zu den Aufgaben und Pflichten eines Menschen (Mutter, Firmenchef, Brandschutzbeauftragter ...) oder einer Position (Firmenchef, Brandschutzbeauftragter, Bereichsleiter ...) gehört und somit muss eine Obliegenheit nicht explizit schriftlich fixiert sein – weil man mit dem gesunden Menschenverstand davon ausgehen kann, dass der andere das eben stillschweigend natürlich macht. So wird die Mutter sich um das Kleinkind kümmern, der Firmenchef um den Brandschutz, der Bereichsleiter um die Reparatur der Sprinkleranlage und der Brandschutzbeauftragte um seine Begehungen. Privatrechtlich sind es zwei Obliegenheiten, dass man beim Verlassen der Wohnung den Herd ausmacht und die gekippten Fenster schließt. Eine Klausel könnte sein, dass den teuren Pkw eben nur der Vertragspartner fahren darf und der Lebensgefährte, die eigenen Kinder – so noch nicht 25 – jedoch nicht.

Wir Brandschutzbeauftragte tun gut daran, die Feuer-Versicherungsverträge des Unternehmens zu kennen, um die Verbindlichkeiten des Vertrags und die Vorgaben der Klauseln dann auch umzusetzen. Und für uns ist es gut, unsere Forderungen durchzusetzen, wenn wir wie folgt argumentieren:

- Ich verstehe Sie, bin eigentlich auch Ihrer Meinung. Nur, der Feuerversicherer hat diese Forderung und wenn wir die nicht erfüllen, ist er leistungsfrei – und das wäre dann nicht nur eine Katastrophe wirtschaftlicher Art für das Unternehmen, sondern man könnte auch bei Ihnen und mir Regress nehmen. (Ob das dann wirklich stimmt oder so kommt, ist ja erst mal nachrangig.)
- Das ist keine Forderung von mir, sondern das kommt vom Feuerversicherer.
- Wir verstoßen hier gegen die Vorgabe des Arbeitsschutzgesetzes, nicht gegen einen Wunsch von mir.
- Die Bauordnung fordert das, was wir jetzt baldmöglichst abändern müssen, nicht ich.
- Der Chef hat den Versicherungsvertrag unterzeichnet, und so steht es eben im Vertrag.

Um die Überschrift des Unterkapitels noch erschöpfend zu beantworten, eine Versicherung hat sechs Möglichkeiten, auf größere Brände zu reagieren (kleinere Brände spielen erst dann eine Rolle, wenn sie sich häufen):

1. keine Veränderung
2. Verzögerung der Schadenzahlung
3. sofortige Vertragskündigung (außerordentliche Kündigung)
4. vertragliche Kündigung (ordentliche Kündigung)

5. Erhöhung der sicherheitstechnischen Auflagen
6. Erhöhung der ab jetzt zu zahlender Prämie

Zu 1 (keine Veränderung): Damit ist nicht zu rechnen, zumindest nicht nach einem Großbrand in einem Unternehmen. Der Kundenbetreuer ist ja seinem Direktor oder dem Vorstand unterstellt, und wenn nicht er selbst, dann werden die hinter ihm stehenden mächtigen Personen schon dafür sorgen, dass das Leben für dieses Unternehmen ab jetzt weniger sorgenfrei verlaufen wird ...

Zu 2 (Verzögerung der Schadenzahlung): Das ist ein legales Mittel, wenn man einen Versicherungsbetrug befürchtet und der Staatsanwalt auch in diese Richtung ermittelt. Und es ist ein weniger schönes Druckmittel, um wahrscheinlich in die Insolvenz abgleitende Unternehmen untergehen zu lassen. Warum? Dann muss der Versicherer nicht mehr den Neuwert ersetzen, sondern ggf. nur noch den Zeitwert, und das kann dann die Schadenzahlung halbieren oder sogar vierteln.

Zu 3 (sofortige, also eine außerordentliche Vertragskündigung): Dazu ist der Versicherer bei jedem größeren Schaden berechtigt und er überlegt auch intern, ob dieser Schritt eingeleitet wird. Manchmal leitet man ihn deshalb ein, um den Vertrag unter deutlich ungünstigeren Bedingungen (vgl. Punkte 5 bzw.6) fortzusetzen – und mit der Kündigung hat man dann juristisch den nötigen Druck aufgebaut, denn andere Versicherungen werden jetzt hier nicht einsteigen wollen. Allerdings, auch wenn der Versicherer sich trennen will von dem Kunden, so muss er diesen Schaden noch korrekt regulieren – also zahlen, aber das kann jetzt auch ablehnen bedeuten.

Zu 4 (vertragliche, also eine sog. ordentliche Kündigung): Versicherungsverträge im industriellen Feuerbereich laufen üblicherweise über ein Jahr und werden dann, wenn keine von beiden Seiten einen Grund hat, fortgesetzt; meist gibt es kleinere Veränderungen, etwa die Versicherungssteuer wird erhöht oder die Prämie oder eine neue Klausel kommt hinein (das kann jetzt auch eine Klausel sein, die positiv für den Kunden ist) oder es wird etwas mehr an Sicherheitstechnik gefordert.

Zu 5 und 6 (Erhöhung der sicherheitstechnischen Auflagen und/oder der zu zahlender Prämie): Dies ist am wahrscheinlichsten, dass jetzt beides gleichzeitig passiert – wenn nicht 3 oder 4 umgesetzt wurde – und selbst wenn gekündigt wurde, dann erfährt der neue Versicherer ja auch davon und wird wohl eines oder beides (5 oder 6) fordern, denn jetzt ist er ja in der stärkeren Position. Meist passieren beide Dinge gleichzeitig, also man muss mehr in den Brandschutz investieren und dennoch mehr Prämie bezahlen. Ich habe versucht, das in einer Übersicht deutlich zu machen:

Reaktion der Versicherung auf Großbrand	Sicherheitsauflagen steigen	Sicherheitsauflagen bleiben gleich	Sicherheitsauflagen sinken	Wahrscheinlichkeit
Prämie steigt	72 %	18 %	0 %	90 %
Prämie bleibt gleich	8 %	2 %	0 %	10 %
Prämie sinkt	0 %	0 %	0 %	0 %
Wahrscheinlichkeit	80 %	20 %	0 %	∑ = 100 %

Da die Wahrscheinlichkeiten für niedrigere Prämien und weniger Sicherheitstechnik nachvollziehbarerweise bei jeweils 0 % liegen, hätte ich diese beiden Felder leer lassen können; vielleicht hätte ich jeweils 0,1 % eintragen können, aber darum geht es jetzt nicht – also konzentrieren wir uns auf die Zahlen, die sich durch die Multiplikation ergeben. Mit einer Wahrscheinlichkeit von 72 % wird also die Prämie steigen (ggf. um den Faktor 2–3) und auch die sicherheitstechnischen Auflagen: Es wird eine Besprinklerung für 400.000,– € Investition gefordert und die jährlich zu zahlende Versicherungsprämie steigt von 70.000,– € auf 150.000,– €. Dafür hat der Versicherer gerade den Neuaufbau für 35 Mio. € problemlos beglichen. Also sollte doch alles im grünen Bereich gesehen werden, das sind ja relativ geringe Summen, die da gefordert werden. Dass die Wahrscheinlichkeit für den Prämienanstieg auf 90 % gesetzt wurde, ist eher konservativ angesetzt, viel mehr sollte da 95 % oder gar 100 % stehen – aber dann könnte man keine Statistik erstellen. Und dass die Wahrscheinlichkeit für die Erhöhung der Sicherheitstechnik nur mit 80 % angesetzt wurde, ist eher zu hoch als zu niedrig, denn bei Brandschäden durch unabwendbare Ereignisse wird, insbesondere bei bereits gut gegen Brände gesicherte Unternehmen, üblicherweise diese Forderung entfallen. Man könnte also auch folgende Statistik ansetzen:

Reaktion der Versicherung auf Großbrand	Sicherheitsauflagen steigen	Sicherheitsauflagen bleiben gleich	Wahrscheinlichkeit
Prämie steigt	66,5 %	28,5 %	95 %
Prämie bleibt gleich	3,5 %	1,5 %	5 %
Wahrscheinlichkeit	70 %	30 %	∑ = 100 %

Viele Kunden verstehen überhaupt nicht, wie wenig Prämie sie bezahlen, und wenn dann nach 20 Jahren ein Großbrand eintritt, meinen sie, der wäre ja schon bezahlt – dem ist eben nicht so, zumindest die nächsten 1.356 Jahre noch nicht. Und wenn dann die Prämie erhöht und zugleich auch die Brandschutztechnik hochgefahren wird, dann ist das auch ein sehr wahrscheinlicher und richtiger Schritt.

Versicherungsrecht ist eine eigene Wissenschaft, dazu gibt es Lehrstühle in Deutschland. Also bitte sehen Sie das oben Aufgeführte als tendenzielle Richtwerte und nehmen Sie die Prozentzahlen nicht in Verhandlungen als absolut statisch geltende Werte. Ich nehme an, dass Sie verstanden haben, was ich vermitteln wollte – und mit diesem Wissen gehen Sie ab jetzt selbst in Verhandlungen und argumentieren, lassen Sie diese Argumente für sich in den Köpfen der anderen arbeiten. Und schon gehen Sie als souveräner Verhandlungspartner aus Gesprächen und waren überzeugend.

1.4 Mögliche Reaktion von Kunden auf Unterbrechungen

Solide Untersuchungen belegen, dass ca. ⅓ aller Unternehmen, die von einer länger anhaltenden, singulären Betriebsunterbrechung getroffen sind (hier nicht gemeint sind deutschland- und weltweite Probleme durch Unterbrechungen wie 20/21 durch das Corona-Virus), nach 5 und mehr Jahren entweder nicht mehr am Markt vertreten sind, oder aber bereits von der Konkurrenz aufgekauft worden sind. Das wirtschaftliche Leben ist vielleicht mit dem politischen vergleichbar: hart, undankbar, ungerecht und häufig nicht nachvollziehbar. Soll heißen, es darf keine Unterbrechung geben, zumindest nicht durch Feuer. Da das aber nicht sicher vermeidbar ist, muss man rechtzeitig für Ausweichmöglichkeiten sorgen und diese Redundanzen müssen effektiv, aber nicht unbedingt deutlich teurer sein, wie die beiden Beispiele zeigen:

Firma	**A**	**B**
Zwei identische Produktionsstraßen	in einer Halle	in zwei Gebäuden
Arbeitszeit	eine Schicht	eine Schicht
Feuer an Anlage 1	beide Produktionsstraßen defekt	eine Produktionsstraße defekt
Betriebsunterbrechung	100 %	50 %
Jetzt: zwei-schichtiges Arbeiten	nicht möglich, 100 % Ausfall	0 % Ausfall

Es mag viele Gründe für Betriebsunterbrechungen geben wie Terroranschläge (New York 2001), Tsunamis (Phuket 2004), Vulkanausbrüche (Island 2010), Pandemien (Corona 2020), betrügerische Konkurse (Wirecard 2020), Regressforderungen, Kriege und Brände. Wir werden leider diese und andere Ursachen nie gänzlich ausschalten können und wir Brandschützer können und sollen uns ja auch ausschließlich auf den betrieblichen Brandschutz konzentrieren.

Wir müssen eines verstehen: Wir werden Brände und auch Großbrände nie zu 100 % Wahrscheinlichkeit (100 % sind ja schon absolute Sicherheit) verhindern können. Das ist natürlich kein Argument gegen Sicherheitstechnik, sondern eher für mehr, für effiziente Sicherheitstechnik. Wir werden auch Verkehrsunfälle, Krankheiten, die Übertragung von Viren/Bakterien und Arbeitsunfälle nicht immer ausschließen können – aber solche negativen Ereignisse können wir präventiv auf ein Minimum reduzieren. Durch unsere Taten, durch unser Handeln und das muss vor und darf nicht nach Schäden passieren. Natürlich werden wir auch nach Schäden reagieren, aber zuvor agieren wäre natürlich sinnvoller und preiswerter (präventiv). Das ist eine Lebensweisheit, die manchem „Spieler" unter den Geschäftsführern erst nach einem Schaden klar wird.

Dazu ein Beispiel: Als ich für eine Versicherung arbeitete, wollte ich den Inhaber eines Zulieferers der Autobranche dazu bewegen, eine Brandmeldeanlage einbauen zu lassen. „Guter Mann, das kostet mich über 70.000,– Euro! Woher soll das Geld denn kommen?", war seine launige Antwort. Es kam dann dort zu einem Großschaden und die Autoindustrie war so großzügig, das Unternehmen überleben zu lassen (ernst, nicht ironisch gemeint!). Die Versicherung beglich den Schaden und der Inhaber bestand jetzt auf den Einbau einer Sprinkleranlage (die kostete ca. das 8-fache der zuvor geforderten Brandmeldeanlage), denn nur das rettet ihn beim nächsten Brand vor dem Konkurs. Einerseits ist es ja schön, wenn die Einsicht zum sicherheitsverantwortlichen Handeln kommt, aber es wäre natürlich noch schöner, wenn sie rechtzeitig kommt. Dass die Sprinkleranlage die Versicherungsprämien um über 50 % reduzierte, relativierte die Investition wieder etwas.

Damit sind wir beim nächsten menschlichen Problem, die Anpassung unseres Verhaltens an unsere persönliche Lebenserfahrung. Wer mal auf die heiße Herdplatte langte, dem wird das wohl nicht mehr passieren und davor hat er es nicht geglaubt, nicht glauben wollen. Wer aber noch nie Hautkrebs durch Sonnenlicht bekam, wer noch nie einen Brand live erlebt hat oder einen schweren Autounfall, einen Überfall oder Einbruch oder sonst etwas Tragisches, der meint, dass so was immer nur anderen passiert. Und das müssen wir als nächstes aus den Köpfen der Leute bekommen. Es kann brennen, die Wahrscheinlichkeit ist nie 0 %, und ob der Versicherer zahlt oder wie groß bzw. klein das Feuer bleibt, hängt auch von unserem Verhalten zuvor ab. Hier müssen wir Brandschützer gute Arbeit leisten und deshalb müssen wir uns auf Gespräche fachlich und stilistisch gut vorbereiten.

Wir müssen aber eines im Hinterkopf behalten, wenn wir abgebrannt sind und momentan den Markt nicht bedienen können: „Andere Mütter haben auch schöne Töchter!" Soll heißen, wir sind nicht einzigartig und wenn wir den Kunden mit Produkten oder Dienstleistungen nicht beliefern, machen das andere – die warten oft schon in den Startlöchern und sind häufig weder schlechter, noch teurer als wir. Jetzt aber unseren Ruf als zuverlässiges Unternehmen wieder aufzubauen, das ist meist deutlich aufwändiger und langwieriger, als eben seine Zeit, seine Energie, sein Fachwissen und sein Geld präventiv einzusetzen.

Egal ob wir in der Kfz-zuliefernden Industrie arbeiten, ein Internet-Riese sind, die Telekommunikation organisieren, in der Lebensmittelherstellung arbeiten, in der Zementindustrie, als Bauunternehmen oder als Dienstleister, im Krankenhaus oder wo auch immer Arbeitsplätze sind – all unsere Kunden benötigen unsere Produkte und Dienstleistungen jetzt, heute und morgen. Liefert A nicht umgehend, wird B beauftragt – ist B nicht deutlich schlechter als A oder wesentlich teurer, so hält man den Kontakt zu B aufrecht. Wir dürfen also B nicht an unsere Kunden ranlassen, wenn wir A sind. Sozial und lieb mag es in Familien und einigen religiösen Zusammenkünften zugehen, aber nicht in der Wirtschaft. Wir Brandschützer liefern die wesentliche Grundlage, dass A am Markt bleibt. Brandschutz ist nicht alles, aber ohne Brandschutz ist schnell alles nichts – ein realer, schöner Satz, den Sie bitte auch mal einbauen können zur Unterstreichung Ihrer brandschutztechnischen Forderungen! Und wenn dann einer antwortet „Damit erreichen Sie auch nicht 100 %.", dann spielen Sie den Entrüsteten, so als ob ein Kind eine Dummheit von sich gibt und antworten halb lachend: „Natürlich nicht, das ist ja kein Geheimnis und völlig trivial!" Jetzt hören Sie mit der Ironie auf und blicken ernst und passen die Sprache dem Blick an: „Aber wir können dann nur noch maximal als fahrlässig eingestuft werden und nicht mehr als grob fahrlässig. Also zahlt dann erstens der Versicherer, der Staatsanwalt wird zweitens keine Anklage erheben und drittens passiert dann so was eben deutlich seltener und ggf. viertens auch mit geringerem Schadenausmaß!" Was meinen Sie, wie die Gegenseite jetzt hilflos Löcher in die Decke guckt und Sie insgeheim um Ihre Argumentationsgabe beneidet: Sie haben ihm vier knallharte Fakten, die ja objektiv (also belegbar) so sind, präsentiert und er wird nicht einen dieser Punkte abwerten oder zerreden können. Und was das Schöne ist, Sie haben ja niemanden persönlich angegriffen, sondern nur Argumente gegen den Brandschutz zerlegt – nein, Sie haben sie atomisiert!

So wie wir unseren Freunden und Familienmitgliedern keine Angriffsmöglichkeit bieten sollten, uns nicht mehr zu mögen – so sollten wir auch mit unseren beruflichen Freunden (der Versicherung, aber auch hausintern den Kollegen und Vorgesetzten) umgehen. Einmal verlorenes Vertrauen ist weg, eine zerbrochene Beziehung wieder kitten ist schwer und das wäre bei zuvor „vorsichtigerem" Verhalten hinterher eben gar nicht nötig. Aber gut, im Nachhinein kann man immer klug daherreden! Dennoch bitte immer daran denken, dass die Prävention dem kurativen Verhalten voransteht.

1.5 Mögliche Reaktionen auf Kritik

Ich will Ihnen ein paar weitere Redewendungen mit auf den beruflichen Weg geben, die Sie bitte nie als dämliche Floskel verwenden – aber als echtes Argument, wenn Ihnen der Chef, ein Bauherr oder Architekt etwas Unangebrachtes persönlich vorhält oder wenn gegen sinnvolle brandschutztechnische Dinge polemisiert werden sollte. Solche Vorhaltungen bekommen wir Brandschützer nämlich häufig dann, wenn wir Dinge verändern bzw. verbessern wollen und diese Dinge Geld kosten oder den betrieblichen Ablauf eben ab sofort anders aussehen lässt – nicht nur anders, sondern auch brandsicherer. Also, lernen Sie ein paar Begriffe bzw. Sätze auswendig und bringen Sie diese, so als ob sie von Ihnen kämen, absolut souverän eingebaut in Ihre Argumentationskette – nie als alleinigen Spruch, sondern eingebaut am Anfang oder am Ende oder wo es eben gerade passend ist:

- Der Gesetzgeber, nicht der Brandschützer verlangt diese Maßnahme.
- Das hätte schon vor Jahren umgesetzt werden müssen. Müssen!

- Die Tatsache, dass wir hier seit Jahren diese Vorgabe nicht erfüllen, macht die Sache ja nicht besser oder gar tolerabel – ganz im Gegenteil!
- Gut, dass uns das noch nicht wie Blei auf die Füße gefallen ist!
- Ich überbringe lediglich diese Information, ich habe die Vorgabe ja nicht erfunden.
- Das hätten andere hier längst aktiv angehen müssen.
- Gut, dass hier noch nichts passiert ist. Glück gehabt!
- Gut, dass wir hier noch nicht kontrolliert worden sind, dafür gibt es – auch ohne Schaden – nämlich empfindliche Strafen.
- Wir riskieren Kopf und Kragen!
- Momentan stehen wir ohne Versicherungsschutz da. Das ist Fakt. Aber wir zahlen dennoch die Versicherungsprämie – ist das nicht der eigentliche Irrsinn an der Sache?
- Unser Verhalten ist grob fahrlässig – das muss zügig anders werden!
- Das ist nicht mehr fahrlässig, sondern grob fahrlässig. Damit wird es strafrechtlich relevant.
- Das ist nicht mehr grob fahrlässig, sondern schon bedingter Vorsatz und das wird heute Vorsatz fast gleichgestellt!
- Wenn es jetzt und hier bei uns brennt, ist der Versicherer leistungsfrei.
- Das ist nicht meine Idee, sondern die vom deutschen Gesetzgeber.
- Die Frage ist nicht, ob wir uns das leisten können, sondern ob wir uns das leisten wollen.
- Die Frage ist nicht, ob wir uns das leisten können, sondern ob wir uns das nicht leisten können!
- Die Brandschutzmaßnahmen kosten deutlich weniger als mögliche Strafen.
- Die Brandschutzmaßnahmen kosten deutlich weniger als die Folgen unserer weiteren Untätigkeit.
- Diese Maßnahme kostet einen Bruchteil des Schadens, den sie verhindern hilft.
- Früher oder später wird es hier zu einem Brand kommen und deshalb handeln wir eben früher – und nicht später; das ist intelligent!
- Das Arbeitsschutzgesetz besagt, dass die Prävention im Vordergrund stehen muss.
- Auch die Feuerwehr/das Landratsamt steht hinter dieser Forderung.
- Das fordert übrigens nicht der Gesetzgeber, sondern die Feuerwehr.
- Das ist keine freundliche Bitte der Feuerversicherung, sondern eine knallharte Forderung von denen.
- Ich will mich weder mit Ihnen anlegen, noch mit Ihnen messen. Ich will den Brandschutz auf professionelle Beine stellen und hoffe, dass sie das auch wollen.
- Momentan spielen wir Russisch Roulette. Das muss anders werden.

- Die Frage ist nicht, was das kostet – sondern was es bringt. Zudem ist es schlichtweg gesetzlich gefordert!
- Wir hatten bis jetzt einfach nur Glück!
- Das mag für Sie ja unbequem sein. Doch erstens werden Sie und ich nicht für Bequemlichkeit bezahlt, und zweitens ist das immer noch deutlich bequemer als Ermittlungen nach Bränden.

Wenn Sie mit Worten gut umgehen können, dann können Sie auch mal Folgendes sagen, wenn es passt und Sie es so vertreten können: „Bitte verwechseln sie jetzt nicht Ursache und Wirkung. Die Ursache ist doch hier glasklar ..., und die Wirkung wäre ...; also eben exakt anders herum, als Sie das eben darstellten!"

So wenig hilfreich und einseitig auch TV-Talksendungen sein mögen – sehen Sie sich ein paar davon an und achten auf Wortwahl, Kleidung, Mimik und Gestik, und Sie werden eine ganze Menge daraus lernen können, denn sowohl positive, als auch negative Eindrücke prägen uns. Und Sie werden in solchen Sendungen sehen, dass es Menschen gibt, die nicht Ihre gesellschaftliche und politische Meinung teilen, aber die Argumente und das Auftreten dieser Leute wird Sie dennoch in Ihren Bann ziehen.

1.6 Beauftragt oder verantwortlich?

Brandschutzbeauftragte sind mit Brandschutz beauftragt. Beauftragt, eben nicht verantwortlich. Nun ist es natürlich nicht so eindeutig, wenn jemand – egal ob Brandschutzbeauftragter, Hausmeister, Chefin, Polizist oder Hausmann – eine Situation sieht, die erkennbar gefährlich ist und diesen „Erfolg" (wie es Juristen nennen) nicht abwendet, dann macht sich diese Person strafbar. Aber darum geht es jetzt nicht, es geht um die Zuständigkeit – wer muss denn was umsetzen? Der Brandschutzbeauftragte meldet Dinge, andere sind Bereichsleiter und die tragen die Verantwortung. Oft genug steht ja in den Aufgaben für Brandschutzbeauftragte „wirkt mit" und eben nicht „ist verantwortlich". Der kritische Richter und Buchautor Thorsten Schleif schrieb: „Wem man Schuld gibt, dem gibt man auch Macht." Das kann man auch mit einem „Ist-gleich-Zeichen" (=) setzen, also invertieren: Wem man Macht gibt, dem kann man auch Schuld geben (Macht = Schuld, wenn was passiert). Das bedeutet nun, dass Personen, die Veränderungen anordnen können, eben mächtig sind und somit Verantwortung tragen. Wir als Brandschutzbeauftragte können höchstens indirekt Schuld bekommen, indem wir auf offensichtlich gefährliche Situationen nicht hingewiesen haben, aber das wäre ein langwieriger Prozess, der meines Wissens bisher nicht stattgefunden hat. Die fähige Münchner Staatsanwältin Isabell Wölfel hat in Ihrem Referat auf der SicherheitsEXPO in München zum Thema „Das staatsanwaltliche Ermittlungsverfahren" anfänglich gesagt: „Meines Wissens sitzt kein Brandschutzbeauftragter in Deutschland im Gefängnis aufgrund seines Jobs." Da gab es ein großes Aufatmen im Auditorium; doch dann sagte sie hart: „aber das kann sich täglich ändern!!!", und plötzlich war wieder die Stimmung eher ernst. Verständlich!

Man kann unseren Beruf mit einem Arzt vergleichen, der dem Patienten den Rat gibt, weniger zu arbeiten, nicht mehr zu rauchen, auf einseitigen Sport zu verzichten, auf Drogen und Nikotin oder auf langfristig schädigende Ernährung; hält sich der Patient nicht daran, wird dem Arzt keine juristische Schuld gegeben werden können.

Wir sind also nicht verantwortlich, sondern beauftragt und zwar für den Brandschutz; dafür müssen wir a) gesetzliche Bestimmungen und b) unsere betrieblichen Gegebenheiten gut kennen. Behalten Sie im Hinterkopf, der Jurist gibt dem Schuld, der Macht hat und nicht dem Befehlsempfänger – meistens jedenfalls. Macht also nichts, wenn Sie keine Macht haben, denn dann können Sie nicht anordnen und somit haben andere Macht und Verantwortung und damit ggf. Schuld. Anders ginge es ja auch nicht, z. B. können wir als Brandschutzbeauftragte ja nicht Anlagen umstellen, Wände versetzen oder Arbeitsverfahren eigenständig verändern – wir müssen argumentieren, diskutieren und überzeugen, dann bewegen wir was; das ist einer der Gründe, warum die Rhetorik von besonderer Bedeutung ist und warum solche Weiterbildungen für Brandschutzbeauftragte nicht nur Sinn machen, sondern auch ausdrücklich erlaubt und gewünscht sind. Überzeugen, nicht überreden!

Wir müssen auch kritisch sein und das ist leider oft nicht so erwünscht, wie es uns Demokraten gefällt. Kurt Tucholsky sage schon: „In Deutschland gilt derjenige, der auf Schmutz hinweist, als viel gefährlicher als der, der den Schmutz macht." Das scheint unser unglückliches „deutsches" Wesen (?) zu sein und dagegen müssen Sie und ich ankämpfen. Wir als Brandschutzbeauftragte müssen auf Stellen hinweisen, die verbesserungswürdig sind und dies so konstruktiv, dass wir gleich Verbesserungsvorschläge haben, die praktikabel und bezahlbar sind und möglichst noch von allen akzeptiert werden. Dann sollte es gut gehen, und die Kritik uns gegenüber müsste sich in Grenzen halten oder, im Idealfall, gänzlich entfallen.

2 Einarbeitung

Beginnen wir mit zwei intelligenten Pauschalsprüchen: „Der erste Schritt ist immer der schwierigste“ und „egal ob eine Reise 1.000 m oder 1.000 km lang geht, jede Reise beginnt mit dem ersten Schritt“. Und dieser erste Schritt ist ja, wie Sie jetzt wissen, meist der schwierigste! In diesen beiden Lebensweisheiten und vor allem in der Kombination liegen so viele Weisheiten, dass wir jetzt eigentlich getrost zum nächsten Hauptkapitel gehen könnten.

Eigentlich. Theoretisch. Aber ...

Wir müssen also anfangen. Aktiv werden, Prioritäten setzen, einen Plan ausarbeiten. Gut und beruhigend ist erstens, dass wir bei unserer Arbeit als Brandschutzbeauftragter nicht umgehend analysiert oder kritisiert werden, und gut ist zweitens, dass es – anders als beim Sport – keine objektiven Kriterien von „gut“ oder „schlecht“ gibt, und dass drittens eben im Brandschutz nicht nur der erste Gewinner der Gewinner ist (der zweite Platz wird vom ersten Verlierer im Sport belegt!) – sondern auch die zweit- und drittplatzierten (die ja objektiv nicht auserkoren werden können).

Ein Autodidakt ist ein Mensch, der sich bestimmte Fähigkeiten oder Informationen selbst angeeignet hat; nun sind wir in der glücklichen Situation, dass wir das nicht unbedingt müssen, aber es schadet auch nicht, wenn ein Brandschützer eher ein aktiver und tatendurstiger Mensch ist als jemand, der auf Feierabend, Passivität und Rente hin orientiert ist, und für den ein leichtes Unwohlsein der willkommene Silberstreif am Horizont ist, sich endlich mal wieder und hoffentlich längerfristig krankschreiben zu lassen. Bitte nicht falsch verstehen: Sind Sie krank, dann suchen Sie sich fähige Leute, die Sie gesund machen. Halten Sie sich an deren Vorgaben, schonen Sie Ihren Körper! Und danach stürzen Sie sich in die Arbeit als Brandschützer – wir müssen andere schützen, Sachwerte bewahren. „Wer, wenn nicht wir?“ (vgl. das Lied von „Karussell“), also wer, wenn nicht wir, soll den Brandschutz denn sonst angehen?

Wir haben also unsere Ausbildung und sicherlich bzw. hoffentlich schon ein paar Jahre Berufserfahrung – das eine ist unabdingbar, das andere wäre sehr hilfreich. Wir sollten – nein, müssen – unser Unternehmen gut kennen und einige der dort Beschäftigten auch: Fachkräfte für Arbeitssicherheit, Verfahrenstechniker und ggf. auch Chemieingenieure, Vorgesetzte, Arbeitsabläufe, „ungeschriebene Gesetze“, Zulieferer, die Umgebung und Nachbarschaft – das alles trägt zur Meinungsbildung bei. Und eine Meinung müssen wir uns schaffen, damit wir Vorgaben erarbeiten können – denn wir müssen konkrete Punkte fordern und nicht Oberflächliches, Pauschales oder Weltphilosophisches verbreiten.

Setzen Sie sich Ziele, und zwar engagierte, aber realistische. Lassen Sie sich von Rückschlägen nicht ermutigen und übertreiben Sie bei anfänglichen Erfolgen auch unsere Wichtigkeit und Bedeutung nicht, oder unsere leider nur scheinbare Fehlerlosigkeit. Wenn ein Unternehmen noch nie professionell den Brandschutz angegangen hat, dann ist wohl jeder Schritt richtig und zielführend. Das dürfte jedoch eher die Ausnahme als die Regel sein. Viel wahrscheinlicher ist Folgendes:

a) Die sicherheitstechnischen Schulungen übernimmt die Fachkraft für Arbeitssicherheit.
b) Begehungsberichte der Feuerwehr sind abgelegt und unerledigt.
c) Eigene Begehungen fanden nicht/nie statt.
d) Die brandschutztechnische Gebäudetechnik ist nicht mehr gewartet.
e) Die Löschmittel der Handfeuerlöscher sind nicht auf die Gegebenheiten abgestellt.
f) Brandschutztüren sind aufgekeilt, und das stört niemanden.
g) Und viele weitere Situationen, die Ihnen jetzt vor Augen sind.

So, und wie ist damit nun umzugehen? Person a) will Ihnen wohl nicht freiwillig das Feld überlassen. Person b) (wohl der Chef) interessiert sich nicht besonders für Brandschutz. Sie sind c), müssen jetzt – völlig unnötig aus dem Blickwinkel anderer – aktiv werden. Es kommt keine Person, die d) bemängelt (ggf. mal die Versicherung oder die Staatsanwaltschaft; diese aber nach einem Brand und dann gibt es so richtig Probleme!). Auch e) wird von den Versicherungen nach einer entsprechenden Schadenvergrößerung vor Gericht genüsslich breitgetreten, um die prozentuale Schadenzahlung weiter zu minimieren. Punkt f) stellt einen Verstoß gegen den § 145(2) des Strafgesetzbuchs dar, auch wenn er erst mal nicht so kriminell erscheint wie ein Gewaltverbrechen.

Und spätestens jetzt ist allen klar, wie wichtig der Brandschutz im Unternehmen doch schon immer gewesen ist – und der Brandschutzbeauftragte ist für alles zuständig, aber eigentlich für nichts verantwortlich.

2.1 Bei null anfangen, oder weitermachen?

Es wird keinen Chemiekonzern geben, der noch nie in den Brandschutz investiert hat und sich dafür jetzt einen 19-jährigen Neuling holt, klar! Wer im betrieblichen Brandschutz wirklich bei null anfangen muss, der soll bzw. darf kein beruflicher Anfänger sein – sonst muss er Autodidakt sein, und selbst dann wird es richtig schwer. Aber so läuft das Leben ja auch anderswo nicht ab. Gewöhnlich verfügt der Brandschutzbeauftragte ja über Erfahrung und Fachwissen, wurde hier oder anderswo schon eingearbeitet und ist eben nicht 21 Jahre, sondern 34 oder älter. Und selbst wenn Sie erst zarte 21 Jahre alt sind und schon mit 15 angefangen haben zu arbeiten, dann ist das kein Grund zur Aufgabe, im Gegenteil: Sie verfügen über beeindruckende sechs Jahre Berufserfahrung und Ihre Unternehmensleitung kam zu der Meinung, dass man den Kurs und das Geld in Sie investieren sollte. Das ist ein Lob, ein starker Vertrauensvorschuss. Gerade wenn man im Unternehmen die Lehre gemacht hat, dann sind die Kenntnisse von großem Vorteil – andererseits gibt es dann natürlich immer Personen, die aus Neid oder Missgunst oder einfach aus dem Bauch heraus ungerechtfertigt der Meinung sind, dass unser Wissen sich mit deren nicht messen kann ... Aber niemand hat jemals behauptet, dass das private oder berufliche Leben einfach ist und selbst Torhüter Oliver Kahn schrieb in seinem Ego-Buch, dass man Niederlagen braucht, um daran zu wachsen und um sich entwickeln zu können.

Es ist gut, wenn man Kollegen hat, die fähig und freundlich sind und die einem konstruktiv helfen. Das Unternehmen hat den Brandschützer A eingestellt und der Vorgänger B wurde anders beschäftigt; das Ziel von B war, A möglichst wenig zu vermitteln, damit es Probleme gibt und B aufgrund des erhofften Versagens von A nun noch besser im „richtigen" Licht steht. Was man davon menschlich zu halten hat, ist eine andere Sache – Fakt ist, dass es solche Kreaturen da in den Unternehmen und Ämtern eben gibt, hoffentlich mit verschwindend geringem Prozentsatz!

2.2 Erwartungen anderer

Hier geht es jetzt nicht um unsere Erwartungen, sondern um die von anderen uns als Brandschützer gegenüber. Um es kurz zu machen: Wir sind als Brandschutzbeauftragte nicht da, um anderen zu gefallen, um anderen nach dem Mund zu reden. Wir müssen kritisch sein, aber kompromissbereit und konstruktiv. Wir müssen eine fachlich fundierte Meinung haben, die möglichst als Tatsache, also als Fakt im Raum steht. Das macht uns ggf. souverän, jedoch nicht unbedingt beliebt. Gehen wir also die Personen eines Unternehmens und die von außerhalb doch mal der Reihe nach durch; in der ersten Spalte stehen Personen bzw. Funktionen, in der zweiten die realistischen Erwartungen (negativ) und in der dritten die optimistisch-positiven:

Person/Funktion	Negative Einstellung	Ideal(istisch)e Einstellung
Geschäftsführer	Brandschutz interessiert mich nicht, davon lebe ich nicht.	Der hilft mir, dass das Unternehmen am Markt bleibt.
Belegschaft	Ich weiß doch über Brandschutz alles, bis jetzt hat es nicht gebrannt!	Starke Schulung, das mache ich beruflich und privat jetzt anders.
Betriebsrat	Sicherheit ist nicht mein Thema, das interessiert den BR nicht.	Wichtiges Thema, ich stehe hinter den Zielen des Brandschutzes.
Fachkraft für Arbeitssicherheit	Der reduziert meine Macht, meine Zuständigkeiten.	Endlich ein fähiger Kollege, der mein fehlendes Fachwissen ergänzt.
Feuerwehr-Begeher	Bei denen muss ich was kritisieren, sonst bekomme ich Probleme mit meinem Chef.	Ich helfe denen und liste auf, was von den Verstößen in welcher Priorität erledigt sein muss.

Person/Funktion	Negative Einstellung	Ideal(istisch)e Einstellung
Berufsgenossenschaft	Mich interessiert in den Unternehmen nur der Arbeitsschutz, nicht der Brandschutz.	Der ist mein verlängerter Arm vor Ort, um für mehr Sicherheit zu sorgen.
Begeher Versicherung	Ich suche nach Mängeln und Verstößen, damit ich nach Bränden die Zahlungen reduzieren oder gar verweigern kann.	Der Brandschutzbeauftragte ist mein Partner, denn wenn es hier nicht brennt geht es der Firma und unserer Versicherung gut!

Ich denke, Ihre zukünftige Aufgabe ist jetzt klar umrissen: Sie müssen alle da oben davon überzeugen, dass nicht die mittlere Spalte deren Gedanken sind, sondern die richtigen Inhalte der rechten Spalte! Ggf. kopieren Sie diesen Teil der Seite (der Verlag wird Sie jetzt nicht verklagen, versprochen) heraus und legen das einigen Personen mal vor oder entwickeln selbst ein Plakat oder einen Artikel für die Firmenzeitung. Und schon geht es mit dem Brandschutz in die richtige Richtung.

Und wie überzeugt man Menschen vom richtigen, brandschutzgerechten Verhalten? Weniger durch Worte, sondern durch Taten – und Taten werden von uns erwartet, vom Geschäftsführer ebenso wie von den externen Begehern oder der Belegschaft. Sind Sie gut oder werden Sie es – und dann noch besser, denn der Bessere ist der Gegner des Guten!

2.3 Bestand sichten

Häufig ist es so, dass der Vorgänger in Rente gegangen ist und man ihn noch kennen gelernt hat. Das wäre sogar optimal, denn diese Personen helfen einem gern, verraten Tipps und geben Interna weiter – weil sie anschließend nicht mehr im Unternehmen arbeiten und sozusagen auf sich selbst nicht mehr Rücksicht nehmen müssen. Nun hat Ihnen also die Vorgängerin oder der Vorgänger einiges aus seinem Blickwinkel erzählt, davon werden Sie 70 % übernehmen und 30 % anders sehen, anders angehen wollen – und das ist auch gut so. Nicht alles anders machen, aber manches besser. Gehen Sie die (nachfolgend aufgeführten oder Ihrer Bestellung entnommenen) Punkte durch und verstehen Sie in Ruhe, was man von Ihnen erwartet: Manches müssen Sie persönlich tun, anderes müssen Sie veranlassen, in Bewegung bringen. Nicht innerhalb von Tagen, aber von Wochen und Monaten und manches auch im Lauf von Jahren.

Sehen Sie sich im Büro um, sortieren Sie es sich so, wie Sie es brauchen. Werfen Sie weg, was unnötig erscheint und schaffen Sie sich ein übersichtliches, für Sie logisches Ablagesystem. Akten, die Sie schon 14 Monate nicht angerührt haben, alte Zeitschriften und Unterlagen, all das brauchen Sie wohl nicht mehr. Weg damit oder in ein Lager; um sich haben Sie die Ablagefächer und Ordner, die Sie brauchen und blicken Sie auch bitte kritisch auf die eine oder andere Loseblattsammlung, die Sie im Jahr vielleicht 400,– € kostet und in die Sie schon 2 Jahre nicht mehr geblickt haben, weil Sie sie nicht brauchen. Abbestellen! Und ggf. mal auf ein Seminar gehen und dennoch ein neues Buch kaufen und bitte dann auch lesen. Darüber hinaus sind für Sie zunehmend mehr Unterlagen und Informationen digitalisiert zugänglich.

Erstellen Sie Prioritäten, sorgen Sie für ein finanzielles Polster, holen Sie sich Rat von anderen, wenn Sie nicht weiterwissen. Und nun machen Sie eine Prioritätenliste mit Dingen, die unbedingt als erstes angegangen werden müssen, das könnten sein:

- Personen im Unternehmen kennenlernen (z. B. bestimmte Funktionsträger)
- Begehungen durchführen
- Wartung veranlassen
- Schulungsunterlage erstellen
- Müllbeseitigung optimieren
- private Elektrogeräte regeln
- Fremdfirmenunterweisung erstellen

Damit sind Sie jetzt für Wochen beschäftigt. Ungünstig, wenn Sie den Brandschutz „nebenbei“ erledigen müssen. Das geht nicht? Dann zeigen Sie sich mutig und sprechen das Problem offen und ehrlich an. Wenn Sie gut sind, wird Ihr Chef Sie verstehen. Wer nur 4.000,– € für einen Pkw hat, darf keinen neuen Mercedes SL erwarten. Ebenso ist es im Brandschutz. Wer souveräne Leistung erwartet, muss ausreichend Zeit zur Verfügung stellen und damit auch Geld ausgeben können. Und wir brauchen ja nicht nur Zeit (Sehen Sie mal ins Arbeitssicherheitsgesetz, da wird der Fachkraft Zeit und ein Arbeitsplatz sowie ggf. nötige Geräte usw. zugestanden, also mindestens ein Internetanschluss mit Computer.). Da man ohnehin auf *www.baua.de* praktisch alle gesetzlichen Bestimmungen legal und kostenfrei als PDF-Datei herunterladen kann, ist es weniger nötig, große Loseblattsammlungen oder zu viele Bücher im Büro stehen zu haben.

Machen Sie (zumindest am Anfang) nicht alles anders, sondern vorsichtig, überlegt weiter. Erst wenn man Menschen, Firmen und Abläufe kennt, kann man mutiger werden und anfangen, seine eigenen Ideen zu verwirklichen.

2.4 Tipps von anderen holen?

Eine der einfachsten, aber schnellsten Methoden, an Fachwissen heran zu kommen ist, Fragen zu stellen. Dafür sollte man sich nicht zu schade sein, denn „... wer nicht fragt, bleibt dumm“ heißt es ja schon in einem Kinderlied. Wenn wir jemand eine Frage stellen, gehen wir davon aus, dass dieser sie auch beantworten kann – sonst hätten wir ja nicht gefragt. Es ist also schon auch eine Ehre für eine Person, wenn andere sich fragend an diese wenden. „Sprechstunde“ oder auch „Fragestunde“ kann man Termine bei Ärzten nennen, denn wir haben Fragen, dort gibt es die Antworten. Wir sind irgendwann im Brandschutz so fit, dass andere uns fragen. Eigentlich ist das Leben ein ständiges Weitergeben von

Wissen, und deshalb fragen wir natürlich auch bzw. gerade, wenn wir schon viel wissen, andere. Es wäre sehr unintelligent, wenn wir uns nicht ständig von anderen (Personen, denen wir vertrauen!) Tipps geben lassen. Beispiele gefällig? Bitte:

- Harald K. aus Nürnberg verunglückt mit dem Motorrad bei St. Tropez. Der Unfallchirurg will ein Bein amputieren, telefoniert mit seinem Professor in Paris. Dieser Medizinprofessor fliegt ans Mittelmeer und rettet dem (Kassenpatient aus Deutschland) das Bein. So passiert meinem guten Freund Harry.
- Wolfgang F. (ich) wird bezahlt, um den Verkauf eines Gebäudekomplexes für Käufer und Verkäufer zu begleiten. Bauliche Veränderungen sollen gerichtsfest definiert werden (Was überhaupt nicht objektiv möglich ist!). Ich befrage den Münchner leitenden Branddirektor und der antwortet mir mit 2 klaren Sätzen, die allen (insbesondere mir) Sicherheit geben.
- Ein geschlossenes Paternoster-Lager soll mit einer Brandlöschanlage versehen werden. Die unterschiedlichen Lösungsansätze verschiedener Firmen liegen zwischen 5.000,– und 115.000,– €. Wir befragen noch die Feuerwehr und die Versicherung und kommen zu dem Schluss, dass die preiswerteste Lösung zielführend ist und umgesetzt wird. Somit haben wir dem Unternehmen über 100.000,– € eingespart (Das ist Effizienz!). Hinweis von mir: Rechnen Sie bitte nicht damit, dass Sie auch nur einen Bruchteil davon als Belohnung bekommen werden.

Das soll reichen. Ich denke, dass Sie verstanden haben, wie sinnvoll und nötig es ist, andere mit ins Boot zu holen. Menschen, die uns kennen und mögen, die uns helfen, weiterhelfen wollen. Menschen, denen wir vertrauen. So macht das berufliche Leben übrigens richtig Spaß – sich mit anderen auszutauschen. Halten Sie den Kontakt (z. B. mit einer WhatsApp-Gruppe) mit den anderen, die bei Ihnen im Brandschutzbeauftragten-Kurs saßen. Viele von denen haben ähnliche Fragen, gleiche Probleme – manche haben mit Firmen Erfahrungen oder eigenes Fachwissen und das hilft uns jetzt weiter.

Sammeln Sie Kontakte, Visitenkarten, gehen Sie auf XING und andere sinnvolle, stilvolle Seiten im Internet. Rufen Sie Ihren Ausbilder an, schicken Sie ihm eine E-Mail – viele (nicht alle) werden antworten und können Ihnen weiterhelfen. Aber nutzen Sie auch das Fachwissen bei Berufsgenossenschaft, Gewerbeaufsicht, Feuerwehr(en), befreundeten Firmen und Kollegen. Und irgendwann können Sie auch anderen Ihr Fachwissen weitergeben – macht zufrieden!

2.5 Tipps von Vertriebsingenieuren

Ein Vertriebler lebt vom Umsatz, je mehr, umso schneller ist sein Konto voll. Ein Vertriebler ist eigentlich immer sympathisch, gut drauf. Warum? Der will bzw. muss sein Produkt verkaufen und zwar Ihnen. Und rhetorisch ist so eine Person kaum zu schlagen, die hat alle Argumente und Gegenargumentationen drauf! Nutzen Sie die Tipps des Vertriebsingenieurs, lassen Sie sich nicht unter Zeitdruck setzen („Wir müssen in 3 Wochen die Preise erhöhen, da sollten Sie jetzt noch …") oder offensichtlich anlügen („Das Angebot mache ich jetzt nur Ihnen, wenn mein Chef das erfährt, bekomme ich Ärger!") und hören Sie sich – wie bei einer politischen Wahl – auch die Argumente anderer an. Dann haben Sie eine qualifizierte Meinung und treffen Ihre Entscheidung. Sie sind die brandschutztechnisch gut ausgebildete Person in Ihrem Unternehmen und Sie müssen der Geschäftsleitung Vorschläge unterbreiten, was zu tun, was anzuschaffen ist. Ggf. fragen Sie bei der Feuerwehr, Ihrer Feuerversicherung oder der Berufsgenossenschaft nach, ob Sie dieses oder jenes Produkt kaufen sollen oder Sie fragen befreundete Unternehmen, wie sehr oder wie wenig sie mit dem Produkt der Firma A zufrieden sind. Zeigen Sie sich als kritisch und informiert, hinterfragen Sie und Sie werden besser behandelt – vom Lieferanten der Feuerlöscher ebenso wie von Wartungsfirmen.

2.6 Fehler machen

Wer viel arbeitet, macht viele Fehler, wer weniger arbeitet, weniger, und wer keine Fehler macht, der macht den größten Fehler, weil er ja nicht arbeitet. Insofern darf man nicht Angst haben vor Fehlern, sonst würden wir ja das Haus nicht mehr verlassen, kein Fahrzeug lenken und keine berufliche oder private Entscheidung treffen. Liebe Freunde, wir sind alle Menschen und leben. Leben bedeutet, Erfahrungen und (Fehl-)Entscheidungen zu treffen, den Weg zurück gehen und neu anfangen. „Einmal mehr aufstehen als zu Boden gehen", schrieb Oliver Kahn in seinem Buch. Und ob ein Fehler auch wirklich ein Fehler ist, liegt oft nicht im objektiven Blickwinkel, ja manche angebliche Fehlentscheidung kann sich hinterher als Glücksgriff herausstellen.

Am 25.01.2019 ist im brasilianischen Ort Brumadinho ein Staudamm mit giftigen Chemikalien gebrochen und es gab wohl annähernd 300 Tote sowie einen milliardenteuren Umweltschaden. Was ist passiert? Der Erzabbaukonzern Vale hat in der Nähe von Belo Horizonte eine bekannte Institution aus München um die Begutachtung der Qualität des Staudamms gebeten. Wohl etwas zu lässig wurde bestätigt, dass der Staudamm „sicher" sei; nach dem Gutachten brach der Damm. Da hat sich also einer, der groß zu sein meint, getäuscht. Das darf, soll aber nicht passieren. Und wir als Einzelperson dürf(t)en das nicht – uns mal täuschen? Sie sehen ja an dem Beispiel mit der katastrophal-tödlichen und immens teuren Fehleinschätzung eines trivialen Staubeckens, wie man sich auch als scheinbar unbesiegbarer Riese täuschen kann. Ob beim Mitarbeiter der Institution Arroganz, Ignoranz, Oberflächlichkeit, fehlendes Fachwissen oder echte Inkompetenz die Ursache für diese fehlerhafte Beurteilung des Dammschutzes war, interessiert – vor allem die Toten und deren Hinterbliebenen – überhaupt nicht. Und da Sie und ich überlegt, analytisch und argumentativ vorgehen und nicht aus der Hüfte in den Nebel schießen, passiert uns (hoffentlich) so was nie. Wie diese Sache mit dem gebrochenen Staubecken in Südamerika ausgehen wird, ist noch völlig offen und wird sicherlich interessant.

3 Aus- und Weiterbildung

Ganz wesentlich ist nicht die Ausbildung zum Brandschutzbeauftragten, sondern unsere Weiterbildungen und allen voran unsere tägliche Arbeit im Brandschutz. Denken Sie doch mal an Ihre Schulzeit, die Berufsschule oder die universitäre Ausbildung – und dann? Nach dem Abschluss standen wir mehr oder weniger selbstbewusst vor Problemen und irgendwie ging es dann. Nach Monaten und Jahren kommt die Sicherheit. Also, die Ausbildung ist weniger wichtig – egal ob die gut war oder mittelmäßig (Auch solche Ausbilder gibt es leider immer noch.). Aber die Weiterbildung, die gehen Sie vielfältig an und Sie bestimmen jetzt, an welcher Weiterbildung Sie teilnehmen. Auch da gibt es welche, die es in sich haben, wo man Kontakte knüpft, wo starke Referenten auftreten und nicht sich, sondern den Brandschutz in den Mittelpunkt stellen. Nutzen Sie aber auch firmeninterne Weiterbildungen – klar stehen da die Produkte des jeweiligen Unternehmens im Mittelpunkt, aber Sie werden auch über baulichen oder anlagentechnischen Brandschutz einiges mitbekommen. Türwartung, Kabelschottausführung, Sprinklertechnik, Löschfahrzeuge u. v. m., viele Firmen bieten kostenlos oder sehr günstig die Teilnahme an solchen Veranstaltungen. Und wenn Sie viele Brandschutzbeauftragte in einem Konzern haben, dann holen Sie sich die Referenten Ihrer Wahl ins Unternehmen zur Weiterbildung. Machen Sie Begehungen mit denen, besprechen Sie vorbereitete Themen und nach ein oder zwei Tagen haben Sie wirklich viele neue Inputs und Informationen.

3.1 Erfahrener Kollege – oder Autodidakt?

Ideal ist es natürlich, wenn man berufserfahrene Kollegen an seiner Seite weiß, die einen an die Hand nehmen und den Brandschutz nahebringen. Viele, aber nicht alle Menschen sind so hilfsbereit, so selbstlos. Vor allem in Konzernen mit einer größeren Brandschutz-Abteilung wird es eine Aufteilung der Themen geben und man kann mal dem, mal dem über die Schulter sehen, weil jeder sein Spezialgebiet hat. Gemeinsames Mittagessen, berufliche Gespräche, gemeinsame Vor-Ort-Termine usw., das führt dazu, dass man zwangsläufig und zügig viel lernt und so in die Gleise kommt. Passiv anderen zusehen und zuhören (eine wichtige Eigenschaft, zuhören zu können und zu verstehen – aber auch, sich trauen, nachzufragen) ist das eine. Das andere ist, dass man sich auch aktiv Informationen beschafft und zwar durch Bücher, Zeitschriften, Telefonate und Internet.

Je mehr Meinungen man kennt, umso mehr kann man sich eine Meinung bilden. Eine Firma, die Brandmeldeanlagen installiert, wird wohl nicht zu einer Gaslöschanlage raten, und umgekehrt. Soll heißen, bei jeder Meinung ist es wichtig zu erkennen, aus welcher Ecke, aus welcher Richtung kommt diese Meinung. Und wer profitiert wirtschaftlich von der einen oder anderen Aktivität. Und die Antworten, die wir auf Fragen bekommen, sind natürlich subjektiv mit dem belegt, was diese Person gelernt und erfahren hat. Also wird ein Feuerwehrmann den Brandschutz immer vom Brand und dem ggf. nötigen Löscheinsatz sehen, der Versicherungsingenieur wird den präventiven und der BG-Ingenieur den personenbezogenen Brandschutz im Vordergrund sehen. Kein Standpunkt ist falsch, doch ein umfassendes Bild hat man dann, wenn man mehrere Standpunkte und Zielrichtungen kennt.

3.2 Ausbildung

Es gilt als gesichert, dass sich seit Christi Geburt das gesamte weltweit vorhandene Fachwissen innerhalb von ca. 1.300 Jahren verdoppelt hat. Im 17. Jahrhundert war die Spanne der Verdoppelung ca. 80 Jahre und gegen Ende des 20. Jahrhunderts sprachen Wissenschaftler, dass sich das Weltwissen alle 7 Jahre verdoppelt. Das sind zum einen neu hinzukommende Erkenntnisse der Medizin, der Chemie, der Elektrotechnik und Elektronik, aber auch völlig neue Techniken wie Internet, Funktechnik, GPS-Technik und andere für uns hilfreiche Erfindungen. Jetzt, in den 20er Jahren des 21. Jahrhunderts, sprechen die Wissenschaftler von einer Verdoppelung des weltweiten Wissens und der Erkenntnisse alle 3 Jahre. Das mag beängstigend klingen, und das ist es auch, aber das können wir nur akzeptieren. Das bedeutet jetzt nicht, dass alle 3 Jahre der Brandschutz oder die Pädagogik sein Wissen verdoppelt, aber über alle Disziplinen gesehen ist dem so und es kommen laufend neue Disziplinen dazu (wie in den 1970er Jahren der Arbeits- und Brandschutz). Für uns bedeutet das, dass das Leben ein ständiges Lernen ist, insbesondere im Beruf. Wer sich 1990 zum Brandschutzbeauftragten ausbilden ließ und seitdem nichts dazu gelernt hat, ist heute auf einem Wissensstand von vielleicht 5 % und beginnt ganz von vorn. Wer jedoch ständig im Brandschutz arbeitet, Kontakte hat, sich informiert und einige Zeitschriften vorliegen hat (die teilweise gelesen, teilweise geblättert werden), der ist heute auf dem Gipfel des Fachwissens – wohl wissend, dass man daran ständig arbeiten muss.

3.3 Fachbücher

Je nachdem, welches Fachgebiet einen besonders interessiert, wird man viele Fachbücher finden, die einem weiterhelfen. Fachbücher haben im Gegensatz zu Zeitungen und Zeitschriften den großen Vorteil, dass sie fundamentales, also tiefes Wissen weitergeben und zwar Wissen, das heute Gültigkeit hat und morgen auch noch. Egal ob man sich für Gaslöschtechnik, Entrauchung, Schulung, baulichen Brandschutz, Unterweisungsfolien, Feuerwehrfahrzeuge oder Löschmittel interessiert, man wird fündig werden und jeweils einige relevante Fachbücher entdecken. Suchen Sie sich verschiedene Verlage und auch verschiedene Autoren und entscheiden dann gut begründet, welches Buch Sie kaufen. Und Sie sollten schon ein paar Bücher über Brandschutz lesen, wenn Sie wirklich vorn dabei sein wollen.

3.4 Internet

Gerade wenn man Firmen sucht oder Begriffe kurz erläutert haben will, so ist das Internet nicht ersetzbar. Es ist eine kostenlose und ständig zur Verfügung stehende Quelle und ich freue mich jedes Mal, wenn ich einen Begriff suche, eine Firmenanschrift benötige oder eine VdS-Vorgabe lesen will, dass es das Internet gibt. Gerade auf der Seite *www.baua.de* finden Sie praktisch alle Gesetze, Bestimmungen, Verordnungen, Technische Regeln, Arbeitsschutzregeln usw., die Sie benötigen – es sei denn, Sie sind in der Chemie tätig, da wird das von der Deutschen Gesetzlichen Unfallversicherung (dort: IFA) entwickelte Programm GESTIS für Sie eine willkommene Informationsquelle sein, die aktuelle und gute Informationen enthält.

Eine weitere solide Quelle für brandschutztechnische Informationen sind die BG-Seiten (alle!), die Seiten der öffentlichen (ggf. auch die von privaten) Feuerwehren, die Seite vom vfdb gehört zu den sehr guten, wertvollen Internet-Seiten, aber auch die vom VdS bzw. GDV; und dann gibt es auch einige solide, gute Unternehmen/Firmen, die auch Brauchbares auf ihre Internet-Seiten stellen – natürlich mit dem ja nicht verbotenem Ziel, ihre Produkte anbieten zu können und in ein positives Licht zu stellen.

Auch wenn das Internet nicht als Grundlage für wissenschaftliche Arbeiten dienen darf, so findet man – neben jeder Menge Schund doch unter den „richtigen" Suchbegriffen viel Gutes, Wertvolles und das alles kostenlos für unser berufliches und privates Leben. Noch nie seit Erfindung des Buchdrucks kam man kostenlos an solche und so viele Informationen heran. Nutzen Sie diesen Vorteil unserer Zeit!

3.5 Zeitungen und Zeitschriften

Lassen Sie sich auf den Verteiler verschiedener im Hause kursierender Zeitungen bzw. Zeitschriften setzen, aber nicht auf alle. Sie werden bald nicht mehr die Zeit haben, das alles zu konsumieren. So ist beispielsweise das Blatt Ihrer Berufsgenossenschaft ein wertvolles Produkt, das auch Wochen nach Erscheinen noch aktuell ist. Gehen Sie auf Messen, da liegen 30 und mehr Zeitschriften aus. Nehmen Sie alle 30 mit, sortieren Sie 90 % aus und finden Sie heraus, welche Ihnen liegt, welche Ihnen weiterhilft. Es gibt unterschiedlich ausgerichtete Zeitschriften, jede hat andere Inhalte, andere Schwerpunkte, ein anderes Zielpublikum (Bauleiter, Ingenieure, Fachplaner, Brandschutzbeauftragte, Arbeitsschützer, Werkschützer ...). Berücksichtigen Sie, dass viele Zeitschriften (und auch sonstige Zeitungen) lediglich davon existieren, dass Werbung geschaltet wird: Werbung in Form von erkennbaren Anzeigen, aber auch in Form von (getarnten) Artikeln. Bleiben Sie also kritisch, wenn Sie Artikel lesen!

3.6 Zeit zum Lesen

Sie meinen, keine Zeit zum Lesen zu haben? Ich verhelfe Ihnen dazu, ohne dass in Ihrem Leben etwas anderes verloren geht. Informationsschriften von der BG sind meist im DIN-A5-Format, die kann jeder gut im Bett lesen. Nur 20 Minuten am Tag bringen über 2 Stunden in der Woche, das sind über 120 Stunden im Jahr! In der Zeit liest man viel, sehr viel, das sind drei ganze Wochen à 40 Stunden Arbeitszeit. Und so kann man noch Zeit „gewinnen“:

1. Morgens den Wecker 20 Min. früher stellen und diese Zeit im Bett lesen; wird zum gewohnten Ritual.
2. Im Zug/öffentlichen Verkehrsmittel, an der Haltestelle lesen (machen viele) und nichts Unsinniges auf dem Smartphone erledigen – noch mal 20 Min.
3. Die Mittagspause wird am Ende oder zu Beginn zum Lesen genutzt – bringt 15 Min.
4. Lesen ist Weiterbildung – wer täglich 20 Minuten während der Arbeitszeit etwas Fachliches liest, dem kann der Chef wohl kaum Vorwürfe machen.
5. Abends vor/nach dem Essen, den Nachrichten, anstatt zum 400. Mal „Two and a Half Men“ ansehen oder wer Model- oder Superstar wird, da könnte man doch auch mal was für die Weiterbildung und den Geist tun. Nur 15 min., gern aber auch 1 Stunde!

Somit hat jeder (bei jeweils nur 15–20 Min., das ist ja auf- und ausbaufähig!) bei den Punkten 1–5 jetzt 90–135 Min. am Tag Lesezeit. Kann ja auch mal ein politisches Magazin sein oder eine Autozeitung, die man liest. Wenn Sie nur 50 % davon umsetzen, sind das 45–67 wertvolle Minuten am Tag. Aus Minuten werden Stunden und so sammelt sich schnell viel Wissen an.

Wer von 19 bis 23 Uhr das TV-Gerät anhat (das sind 240 Minuten), kann hier ja mal auf das sinn- und wertlose Gelabere von Babblern in Talk-Runden verzichten oder auf blutrünstige Action aus den USA und mal eine ganze Stunde am Stück ein Buch oder eine Zeitung lesen. Man sagt, dass das unschädlich sei und die Nebenwirkungen sind positiver Art.

Ich persönlich habe mir zum Ziel gesteckt, neben Zeitungen und Zeitschriften im Schnitt ein Buch je Woche zu lesen. Damit liege ich bei ca. 50 Büchern im Jahr, schaffen tue ich meist 30–35. Das bringt über viele Jahre einen richtig guten Vorsprung anderen gegenüber, und es kann – positiv gemeint – zur Sucht werden und richtig Spaß machen. Wissen ist nämlich Macht und nichts wissen ist schlimm, gerade in der heutigen Zeit!

3.7 Weiterbildung

Entscheiden Sie selbst, welche Art von Weiterbildung für Sie persönlich die Richtige ist: Bauliches, Anlagentechnisches, Rhetorik, Brandschutztüren-Prüfung, Brandschutz für EDV-Anlagen, ein Sprinkleranlagen-Kurs, gesetzliche Grundlagen oder ...? Auch die Mitgliedschaft in einem Verband kann einem weiterhelfen in der Weiterbildung. Überlegen Sie sich gut, in welchen Verein Sie eintreten, warum Sie das tun. Wägen Sie ab, was das bringt und kostet. Ich z. B. bin aus einem halbseidenen Brandschutz-Verein wieder ausgetreten, als ich nach zwei Jahren merkte, dass es weder Informationen, noch Kontakte oder sonst irgendetwas gab – außer die jährliche Abbuchung von meinem Konto. Andere Mitgliedschaften indes lohnen sich – aber das muss jeder im Lauf der Zeit selbst für sich herausfinden. Vergessen Sie nicht: Sie müssen ja nicht Mitglied irgendwo werden, ist ja oft auch nicht nötig.

Vielleicht wollen Sie sich auch für den Arbeitsschutz stark machen? Die Ausbildung zur Fachkraft ist seit einer gewollten Erschwernis der Berufsgenossenschaften deutlich zeitaufwändiger, aber dafür inhaltlich nicht anspruchsvoller geworden. In Konzernen oder Großunternehmen ist das Zusammenlegen der beiden Abteilungen Brand- und Arbeitsschutz wohl weder erwünscht, noch sinnvoll, aber in mittelständischen Unternehmen schon eher tragbar. Gehen Sie diesen Weg und Sie werden souveräner, besser, zufriedener. Ein guter Weg, sich für die Sicherheit einzusetzen.

3.7.1 Fachlich

Die fachliche Weiterbildung ist natürlich sehr wichtig. Allerdings ändert sich die Bauordnung nur alle 15–20 Jahre und auch in den Technischen Regeln ändert sich so viel nicht, wie uns Weiterbildungs-Firmen weismachen wollen. Und – das ist jetzt das Hauptargument – Sie sind ja bitte durch Internetkontakte und Fachzeitschriften sowie Kontakte zu Kollegen so auf Augenhöhe der Zeit, dass Sie es eben mitbekommen, wenn sich eine ASR oder eine TR oder sonst was verändert. Sie müssen ja aktiv sein und jemand, der regelmäßig im Internet oder aus Fachzeitschriften aktiv herausliest, was sich verändert, ist viel informierter als der, der sich lediglich alle 3 Jahre in ein Seminar setzt und zu 60 % nicht zuhört. Zumal ja Weiterbildungsseminare nicht alle technischen oder sonstigen Neuerungen herüberbringen können oder gar müssen.

3.7.2 Rhetorisch

Ich bitte Sie, sehen Sie sich mal im TV oder auch im Internet Reden von folgenden Personen an. Ich habe jetzt übrigens bewusst Personen ausgewählt, die extrem erfolgreich und teilweise auch extrem unbeliebt sind. Und ich bitte Sie, suchen Sie sich auch solche heraus, die Sie überhaupt nicht mögen, ggf. sogar verachten (Überlegen Sie mal, warum das so ist.): Dieter Bohlen; Thomas Gottschalk; Stefan Raab; Franz-Josef-Strauß; Gerhard Schröder; Joschka Fischer … Was lernen Sie daraus: Sie werden feststellen, dass jeder seine eigene Art hat und eben mit dieser Art ankommt; bei vielen, nie aber bei allen. Sie werden Selbstbewusstsein feststellen, ein gutes Auftreten, gute oder auch fesselnde Wortwahl. Vieles ist nicht vorbereitet, kommt spontan und gerade deshalb kommt es so gut an.

Also kopieren Sie nicht einen TV-Star oder Politiker, sondern sind Sie Sie! Weder arrogant noch nuschelig, weder stolz auf den Dialekt noch schämen Sie sich dafür. Sachlich und fesselnd bringen Sie Brandschutz herüber und zwar so, dass das Auditorium die Thematik interessant findet.

Sie haben schon 20 Schulungen gehalten und meinen, es drauf zu haben? Stimmt, haben Sie. Aber vergessen Sie nie, dass jede Schulung ihre eigene Herausforderung, ihre eigenen Gesetze hat. Weil die gestrenge Frau A oder der von sich überzeugte Herr B heute in der Schulung sitzt, weil es zu warm ist, der Raum zu eng, weil der Beamer ausfällt oder gestern ein Kollege starb, weil weil weil ... Es gibt 1000 Gründe, warum Sie heute anders reagieren müssen und das müssen Sie fühlen, spüren und jetzt richtig reagieren – das ist die hohe Kunst des Referenten. Mischen Sie Emotionen mit Sachlichkeit, begreifen Sie, dass „Moderator" von moderat kommt und das bedeutet, die Wellen flach zu halten. Gemäßigt ist demnach auch Ihre Wortwahl, keine Personengruppen angreifen, keine Worte wählen oder Pauschalurteile bringen, die heutzutage nicht mal mehr am Biertisch passend wären.

4 Übliche und „typische" Schwachstellen und Probleme

Wenn ich „üblich" schreibe, meine ich damit die Mängel, die es in praktisch jedem Unternehmen gibt. Das hängt natürlich davon ab, ob es ein produzierendes Unternehmen, ein Krankenhaus oder ein Bürogebäude ist, aber auch da gibt es Punkte, die sich regelmäßig wiederholen. Es gibt vielleicht drei Gründe, die für 80 % aller Brände kausal verantwortlich sind und sicherlich zehn Gründe, die für 98 % aller Brände die Ursache sind. Welche sind nun die drei? So einfach ist es auch nicht, aber sicherlich:

1. Unachtsamkeit (also menschliche Fahrlässigkeit).
2. Nicht Kennen von Vorgaben.
3. Nicht Einhalten von Vorgaben.

Wenn Sie es konkreter haben wollen, bitteschön:

1. Feuergefährliche Arbeiten ohne ausreichende Betreuung und ohne Brandwache.
2. Elektrische Geräte, die nicht korrekt betrieben bzw. gewartet sind oder die zu nahe an brennbaren Stoffen stehen.
3. Offenes Licht/Feuer wie Kerzen, glühende Zigarettenreste.

Ich sagte Ihnen ja, es ist nicht so einfach. Denn Unachtsamkeit können Sie nicht ständig vermeiden – weder bei sich, noch bei anderen. Aber das Nichtkennen von Vorgaben, darauf haben Sie einen massiven Einfluss und das zeigt Ihnen, wie wichtig die Schulungen sind, die wir Brandschützer halten. Und dann, das Nichteinhalten von Vorgaben, an dieser Stellschraube können wir auch drehen, denn Sie können – bzw. lt. VdS 2038 müssen Sie es sogar tun: Die Vorgesetzten separat schulen. Sie müssen denen erklären, dass sie in der ggf. sogar persönlichen Schuld, also finanzieller Verantwortung stehen, wenn allzu lange und allzu grob von Untergebenen gegen Vorschriften verstoßen wird. Also, die Vorgesetzten werden geschult, dass sie auf ganz konkrete Punkte (etwa aufgekeilte Brandschutztüren, falsches Raucherverhalten, Fehlen eines Schweißerlaubnisscheins usw.) zu achten haben. Und dass feuergefährliche Arbeiten eine der großen Brandursachen ist und sicherlich bleiben wird, ist auch verständlich – wann sonst soll es denn brennen, wenn nicht dabei? Insbesondere Unternehmen, die selten solche Arbeiten durchführen, sind jetzt aufgrund der fehlenden Erfahrung besonders gefährdet; und da oft über Jahrzehnte nichts passiert, nimmt man das mit der doch eigentlich nutzlosen Brandwache schnell mal auf die leichte Schulter. Aber auch elektrische Geräte werden immer ganz oben als Brandursache stehen, denn dort ist Strom (also Energie) gebündelt, und Wärme entsteht auch und brennbare Gegenstände wie Platinen, Leitungen oder Kunststoffgehäuse sind verbaut. Mit etwas mehr Achtsamkeit und filigraneren Umgang mit Steckern, Leitungen und Geräten könnte man hier viel erreichen und natürlich mit guter Wartung der Gerätschaften. Und dass Gabelstapler-Ladevorgänge mit einem brandlastfreien Radius von mindestens 2,5 m durchgeführt werden, ist häufig zwar bekannt, wird aber leider nicht umgesetzt, weil man angeblich den Platz braucht. Blöd jetzt, wenn der Versicherer die Schadenzahlung verweigert und dann auch noch vor Gericht Recht bekommt. Schließlich sind zudem offene Flammen an Kerzen nicht selten in Verwaltungs- und anderen Gebäuden zu sehen (Altenheime, Produktionsstätten u. a. m.). Dazu ist zu sagen, dass die moderne LED-Technik heute so großartige natürliche Kerzen simulieren kann, dass man wirklich keine echt brennenden Wachskerzen mehr benötigt – das kann man gern zu Hause haben, aber nicht im Unternehmen. Weiter positiv an der batteriebetriebenen LED-Technik ist erstens, dass die Gerätschaften mit Batterien betrieben sind und wenig Energie brauchen und zweitens, dass batteriebetriebene Geräte nicht geprüft sein müssen – sie lösen eben keine Brände aus (allerdings sind Batterien grundsätzlich nicht als „harmlos" einzustufen, auch nicht gesammelte Altbatterien).

Rauchen ist ein Thema, das schnell zu Emotionen führt. Lassen Sie da die Luft raus, egal ob Sie selbst rauchen oder nicht. Es gibt Bereiche, da ist Rauchen erlaubt und in allen anderen ist es nicht erlaubt. So einfach kann manchmal die Welt sein, bzw. sollte sie sein. An verbotenen Stellen wird nicht geraucht und wer das Risiko eingeht, der geht das nächste Risiko ein, nämlich eine Abmahnung zu erhalten: Es gibt Raucherbereiche, also bitte dort hingehen und ggf. auch ausstempeln, so nötig.

Ich bitte Sie, gepaart mit Ihrem Fachwissen und den Tipps, die kamen und jetzt kommen: Machen Sie sich eine Liste mit Schwachstellen Ihres Unternehmens (ggf. sind das drei andere Punkte, aber ich denke nicht!?) und gehen Sie dran, diese zu beseitigen. Bei jedem wird es andere Prioritäten geben, eine andere Lage aufgrund anderer betrieblicher Gegebenheiten. Gehen Sie dabei ruhig vor, aber machen Sie ständig weiter, und Sie werden erleben, dass nach einigen Wochen ein Silberstreif am Horizont ist, und nach einigen Jahren ist Ihr Unternehmen um eine Dimension sicherer. Dass dann ein Schicksalsschlag eines Tages doch einen Brand bei Ihnen im Unternehmen auslöst, ist zynisch und ärgerlich, aber bitte kein Beleg dafür, dass Sie einen Fehler gemacht haben (hoffe ich jedenfalls!). Auch wirklich gute und rücksichtsvolle Autofahrer haben mal einen Unfall. Und wenn ein Konzern 300.000 Personen beschäftigt, auf drei Kontinenten und in 8.700 Gebäuden – sorry, da wird jeden Tag ein Smartphone gestohlen, ein Feuerlöscher abgeblasen, ein Brand fahrlässig oder vorsätzlich gelegt und ein Auto rammt beim Einparken das Nachbarauto. Willkommen in der Wirklichkeit. Also weitermachen, okay, liebe Kolleginnen und Kollegen? Denn die Alternative dazu ist keine!

Die nachfolgenden Unterkapitel sind stichpunktartig gehalten, denn Sie als bereits ausgebildeter Brandschutzbeauftragter können damit etwas anfangen und kommen auf weitere Ideen, die Sie bitte eintragen, um diese Listen zu komplettieren:

4.1 Bauliches

Hier geht es jetzt darum, Mängel am Gebäude, also an der Bausubstanz zu erkennen und zu beseitigen, um den Brandschutz korrekt umzusetzen. Mängel an Gebäuden sind eigentlich nie die Ursache für einen Brand, oft aber die Ursache für eine vermeidbare und damit unnötige Brandschadenvergrößerung; so können verbotenerweise aufgehaltene Brand- und Rauchschutztüren oder nicht korrekt geschottete Leitungen durch Decken Rauch, Hitze und auch die Flammen und somit das Feuer über das Gebäudeinnere nach oben leiten – oder gar in Treppenräume eindringen und dort Menschen an der Flucht hindern. Bitte nehmen Sie sich Ihre Landesbauordnung und ggf. die Sonderbauordnungen, die für Ihre Gebäude zuständig sind und lesen Sie sie durch. Sie werden Punkte finden, die bei Ihnen geprüft werden müssen und zwar von Ihnen. Wenn es eine Abweichung gibt und diese von Relevanz ist, dann wird bitte reagiert und zwar konstruktiv und zügig.

Mögliche Kritikpunkte	**Ihre weiteren Ideen**
– Alle Treppenraumtüren selbstschließend. – Brand- und Rauchschutztüren geprüft und funktionsfähig. – Türen und Tore unbeschädigt. – Leitungsdurchbrüche geschottet. – Eingebaute Baustoffe zugelassen. – Eingebaute Dämmstoffe möglichst nichtbrennbar. – Handläufe fest genug montiert. – Kleidung kann sich an den Handlauf-Enden nicht verfangen. – Treppenraumfenster öffenbar. – Treppenraum-Fensteröffnungen $\geq$ 0,5 m^2 je Ebene. – Treppenraum-Entrauchung auffahrbar. – Türen schlagen richtig herum auf. – Ausgangsbreite zu gering. – Verstöße der Bestandsgebäude gegen die neue Fassung der Bauordnung. – Bauliche Veränderung wegen Änderung der Verfahrenstechnik im Gebäude nötig. Korrekt umgesetzt? – Bauordnung bzw. Betriebsgenehmigung genehmigt bestimmte Aktivitäten nicht, die aber stattfinden. – Verstöße gegen die Garagenbauordnung in der Garage. – Verstoß gegen die Feuerungsverordnung im Heizungsraum. – Verstoß gegen die Versammlungsstättenverordnung bei Betriebsversammlungen und Feiern ab 200 Personen. – Nachträgliche, scheinbar harmlose Veränderungen wurden nicht baurechtlich genehmigt und könnten zu Problemen führen. – Bodenbeläge ggf. nicht mehr zugelassen. – Bildung von gefangenen Räumen.	

Sie werden bei den täglichen Wegen durch die Firma zwangsläufig und sozusagen nebenbei auf solche Punkte achten, auch außen am Gebäude oder im Keller werden Ihnen Dinge auffallen, die eben nicht okay sind – die anderen aber noch nie aufgefallen sind oder wenn doch, dann hat keiner die Abstellung eingeleitet. Das ist jetzt Ihr Job, dafür sind Sie Brandschutzbeauftragter. Aber berücksichtigen Sie bitte, dass das tägliche Abgehen eines Bereichs noch nicht zwangsläufig eine sicherheitstechnische Begehung darstellt. Nein, eine Begehung ist ein separater Vorgang, wo man Zeit hat, wo man mal stehen bleibt, ein Klemmbrett in der einen Hand mit einer Checkliste und einem Stift und man konkret bestimmte Punkte überprüft. „Überprüfen" bedeutet übrigens – das hörte ich mal von einem Richter, dass man alles selbst macht und nicht lediglich vom Hörensagen kennt.

4.2 Anlagentechnisches

Die Anlagentechnik ist meist fest mit dem Gebäude verbunden, deshalb macht es Sinn, zuerst über den Baukörper zu sprechen, dann über die dort installierte Technik und erst anschließend über die Organisation. Je nach Gebäudeart und -typ ist mehr oder weniger viel Gebäudetechnik verbaut und zu technischen Dingen muss man wissen, dass diese eben nicht über längere Zeit problemlos funktionieren, wenn sie nicht inspiziert, gewartet und ggf. instandgesetzt oder repariert werden. So ist es bei Fahrzeugen, aber eben auch Türen, deren Ansteuerung und Auslösung, der Brandmeldeanlage, einer Entrauchungsanlage und bei Löschanlagen ohnehin.

Mögliche Kritikpunkte	**Ihre weiteren Ideen**
– Mobile Elektrogeräte geprüft. – Immobile Elektroanlage geprüft. – Private Elektrogeräte organisiert. – Brandmeldeanlage ausgebaut für alle Bereiche. – Brandmeldeanlage gewartet. – Brandlöschanlage funktionsfähig, effizient. – Notbeleuchtung funktionsfähig. – Entrauchungsanlagen gewartet, funktionsfähig. – Sauerstoff-Reduzierungsanlage funktionsfähig. – Funkenerkennungsanlage funktionsfähig. – Ex-Schutz-Anlage funktionsfähig. – Rauch-, CO- und CO_2-Melder funktionsfähig. – Handfeuerlöscher. – Wandhydranten. – Trockene Steigleitungen. – Blitzschutzanlage für Gebäude.	

Während Sie als Brandschutzbeauftragter den baulichen Brandschutz sicherlich allein hinbekommen, ist es mit der Technik sicherlich nicht so. Sie brauchen gute Techniker, die Ihnen bestätigen, dass die Technik gewartet, korrekt und somit funktionsfähig ist. Bleiben Sie bei solchen Arbeiten bitte dabei, denn erstens bringt es Ihnen Fachwissen und zweitens werden die Prüfer dann sicherlich noch gewissenhafter prüfen. Drittens werden Sie mit Ihrem Gefühl für Menschen schnell merken, wer Freude an seiner Arbeit hat und diese demzufolge auch gut ausführt. Viertens werden unberechtigt ausgetauschte Elemente jetzt wohl nicht mehr vorkommen, ebenso wie zu viel aufgeschriebene Stunden.

Ob die Handfeuerlöscher, die Brandschutzklappen, die Wandhydranten, die Sprinkleranlage oder was auch immer getestet wird, es bildet uns und schafft auch Vertrauen zu den Technikern – wir sehen vielleicht zu 40 % denen über die Schulter, stellen Fragen und merken schnell, wie gern diese Menschen bei der Arbeit sind. Und wenn wir dann mal weg sind und nach 30 Minuten wieder vor Ort sind, ist das sicherlich ein gutes Signal – denn auch Prüfer müssen geprüft werden. Wenn Sie einen technischen Lehrberuf erfolgreich mit Gesellen- oder gar Meistertitel abgeschlossen haben (Industrietechnik, Elektrotechnik, Mechatronik ...), dann sind Sie auch mit diesen Technikern auf Augenhöhe und können fachlich mitdiskutieren; wenn nicht, holen Sie den Firmenelektriker oder den Schlossermeister dazu. Sie können auch bei der nächsten Prüfung der Handfeuerlöscher ein paar defekte Teile aufheben (zerfetzte Dichtringe, abgebrochene Auslösevorrichtungen, ggf. einen ganzen – offenen – Löscher usw.), um dies bei Schulungszwecken vorzuzeigen. Erfahrungsgemäß sind Dinge, die man nicht nur hört, sondern auch sehen kann, besonders bleibend beeindruckend.

4.3 Organisatorisches

Die Organisation des Brandschutzes ist von größter Bedeutung, denn hier wird entschieden, ob es überhaupt brennt. Aus baulichen Gründen brennt es eigentlich nie, und gewartete und korrekt betriebene Anlagentechnik brennt auch nicht. Aber immer, wenn Menschen zusammenkommen, gibt es auch Fehler, Nachlässigkeiten, unüberlegte Dummheiten und manchmal auch boshaften Vorsatz. Das ist der Grund, warum man bei Begehungen am besten Checklisten bei sich führt, um nichts zu übersehen von den baulichen, anlagentechnischen und organisatorischen Dingen. Bitte jetzt nicht aus falscher Scham Checklisten ablehnen: Jeder gute Pilot hat Checklisten und geht die vor dem Start, bei der Landung und bei vorhersehbaren Störfällen akribisch durch. Nur durch Checklisten ist sichergestellt, dass kein wesentlicher Punkt vergessen wird; nur so kann man gewährleisten, dass professionell gearbeitet wird.

Mögliche Kritikpunkte	Ihre weiteren Ideen
– Müllbeseitigung korrekt. – Staubablagerungen (z. B. Dachstuhl) entfernt. – Abstände Ladestationen zu Produkten korrekt. – Sicherheitsrundgänge nach Arbeitsende durchführen. – Luftöffnungen von Geräten nicht blockiert. – Treppenräume frei. – Unterweisung der Belegschaft erfolgt. – Auf Briefe, Mängelberichte reagiert. – ASA-Sitzung vorbereitet. – Fluchtwegbeschilderung mangelbehaftet. – Ausgänge versperrt. – Kopierer in notwendigen Fluren. – Garderoben in notwendigen Treppenräumen. – Sicherungskästen und Stromverteilungen in notwendigen Fluren oder ebensolchen Treppenräumen. – Aushänge korrekt, vollständig, aktuell. – Brandschutztüren nachts geschlossen. – Geisterschicht ohne besondere Sicherheitsmaßnahmen. – Festgestellte Mängel sind nicht baldmöglichst beseitigt. – Ausgeschilderte Vorgaben und Verhaltensmuster werden grundsätzlich nicht eingehalten.	

Sie werden anfänglich solche Listen brauchen, das macht auch Sinn. Aber im Lauf der Zeit sind sie in Ihnen bekannten Bereichen oft weniger nötig, denn Sie haben es dann im Griff, was wo zu beanstanden ist – es sind ohnehin immer die gleichen zwei, drei oder vier Punkte und zwar in jedem Bereich andere! Allerdings ist es ggf. immer sinnvoll, vergleichbar einem Einkaufszettel, sich Notizen zu machen, um eben nichts zu übersehen. Selbst der erfahrenste Pilot hat auch nach 30 Jahren noch Checklisten – und das ist auch richtig, wichtig und gut so!

4.4 Juristisches

Wir Brandschutzbeauftragte sind keine Juristen und müssen es auch nicht sein. Aber wir müssen juristische Texte verstehen, lesen können und umsetzen bzw. zu deuten wissen. Also benötigen wir ab und zu mal die Hilfe von einem Kaufmann oder Juristen, der uns eine Formulierung erläutert und genauso benötigen wir ab und zu die Hilfe von einem Kollegen, der bei einem bestimmten, besonderen brand- oder explosionsschutztechnischen Thema deutlich mehr Ahnung hat als wir. Doch hier geht es jetzt um Juristisches, und da gibt es scheinbar harmlose Formulierungen, kleine Sätze oder sogar einzelne Wörter nach dem Komma, und die sind dann exorbitant wichtig – oder so unverbindliche Wörter wie „mitwirken", „in verständlicher Form" oder „ausreichend", die einem später vor Gericht um die Ohren gehauen werden können – dies vor allem deshalb, weil der betroffene Kollege eben aussagen wird, dass wir nicht mitgewirkt haben, dass wir angeblich nicht verständlich die Gefahren vermittelt haben oder dass wir nicht ausreichend einen Sachverhalt erläutert haben. Damit beginnen dann die Probleme und Diskussionen und gerichtlichen Interpretationen mit offenem Ende.

Der zwar undemokratische, aber unzweifelhaft intelligente und gefährlich redegewandte Politiker und Rechtsanwalt Dr. jur. Gregor Gysi schrieb zu DDR-Zeiten seine Dissertation im Kern um die Frage, wie weit in der Rechtsprechung eine zulässige Rechtsinterpretation stattfindet und wann mit dieser eine Rechtsverletzung oder gar Rechtsbeugung beginnt. Nun geht es mir nicht darum, die katastrophale Diktatur der DDR in den Vordergrund zu stellen – es geht mir darum zu zeigen, dass man Recht nicht nur interpretieren kann, sondern es sogar für jeden Einzelfall auch muss. Es gibt also eine Spannweite, einen Spielraum für Entscheidungen und Meinungen. So ist es und so bleibt es, und so muss es auch sein. Im Extremfall kann deshalb ein Rechtstreit auch in einem Patt ausgehen – soll heißen, beide Parteien haben eigentlich Recht und keine so richtig Unrecht. Wer mit Worten gut umgehen kann und darüber hinaus auch noch ein paar Paragraphen kennt, kann sich das Recht nicht zurechtbiegen (das wäre unredlich), sondern als Argumentationshilfe für sein Gedankenkonstrukt verwenden; dagegen erfolgreich anzukämpfen wird sehr schwer werden.

Man kann jede Situation von zwei Seiten sehen – das kann man nicht nur, das muss man auch. Eltern/Kinder, Arbeitgeber/Arbeitnehmer, Käufer/Verkäufer, Bereichsleiter/Angestellter, Bereichsleiter/Brandschutzbeauftragter, Angestellter/Brandschutzbeauftragter, Hotelier/Gast, politische Partei 1/politische Partei 2, Ehemann/Ehefrau usw. – jeder hat Ansprüche und Wünsche und sieht eine Situation aus seiner Sicht. Bei ernsthaften Auseinandersetzungen, die man friedlich nicht lösen kann und die relevant sind, wird man sich dann vor Gericht sehen, und jeder nimmt sich einen befähigten Vertreter und erzählt die Situation natürlich aus seiner Perspektive, und so bereiten die Juristen dann Klagen bzw. die Abwehr einer Klage vor.

Beispiel:

Rechtsanwalt Wolfgang C. beauftragt den Sicherheitsingenieur mit der Unterstützung bei der Vorbereitung einer Klage eines Verunglückten gegen die nicht zahlen wollende Berufsgenossenschaft. Es werden DGUV-Schriftstücke und Arbeitsschutzvorgaben gelesen und interpretiert und der Prozess geht für diese Seite gut aus. Zwei Jahre später ruft Anwalt C. den Ingenieur wieder an und bittet ihn in „eigentlich der fast selben Sache" erneut um Hilfe, aber eben in einem anderen Prozess. Der Einwand „Nehmen sie doch die alte Erläuterung, in der Gesetzgebung tat sich nicht viel" wurde mit den Worten abgeschmettert: „Nein, diesmal hat mich die Berufsgenossenschaft beauftragt, diesmal soll der Verunglückte die Schuld bekommen!" Aber bitte, bevor sich jetzt jemand entrüstet: Es ist erlaubt, dass bei juristischen Auseinandersetzungen beide Seiten sich vertreten lassen und versuchen, die Gesetze so zu interpretieren, wie es Ihnen logisch und richtig bzw. günstig erscheint. So ist die Jurisprudenz, man kann, darf und muss alles aus zwei Richtungen sehen und wer das macht, erkennt schnell, dass die Gegenseite häufig auch gute Argumente haben kann (manchmal auch die besseren!). Wir lernen aber aus der Sache auch, dass sowohl Berufsgenossenschaften, wie natürlich auch Versicherungen zwar gern unser Geld nehmen, es aber im Schadenfall ungern zurückgeben.

Mögliche Kritikpunkte	Ihre weiteren Ideen
– Gesetze (Arbeits- und Brandschutz) nicht gelesen, nicht umgesetzt. – Verordnungen und Regeln nicht gelesen, nicht umgesetzt. – Klauseln des Versicherungsvertrags nicht umgesetzt. – Verstoß gegen Obliegenheiten. – Feuerwehrzufahrt nicht ständig frei. – Gefahrenerhöhungen sind der Versicherung nicht gemeldet. – Kritikpunkte der Versicherung sind nicht abgestellt. – Bau- bzw. Betriebsgenehmigung liegt nicht vor.	

4.5 Abwehrendes – die ASR A2.2 richtig umsetzen!

„Maßnahmen gegen Brände" heißt diese Arbeitsschutz-Regel ASR A2.2, und das umfasst Löschmöglichkeiten, Brandschutzhelfer, Erkennung von Bränden und Brandschutz bei Bauarbeiten. Da Feststoffe anders brennen und demzufolge anders zu löschen sind als Gase, Leichtmetallspäne oder z. B. Speisefette, gibt es unterschiedliche Löschmittel und darauf geht diese ASR ein.
Diese Tabelle ist der ASR A2.2 entnommen, sie dient der Umrechnung der auf den Handfeuerlöschern angegebenen Löschleistungen der Brandklassen A und B:

LE	Brandklasse A	Brandklasse B
1	5A	21B
2	8A	34B
3	–	55B
4	13A	70B
5	–	89B
6	21A	113B
9	27A	144B
10	34A	–
12	43A	183B
15	55A	233B

Es gilt im Brandfall, Entstehungsbrände zu löschen, und das bedeutet, dass man sich ihnen noch gefahrlos nähern kann; ein größer oder gefährlicher werdendes Feuer muss nicht mehr gelöscht werden, da steht die zügige Flucht aller Personen aus dem Gefahrenbereich im Vordergrund. Ein Löscher hat normalerweise 6 oder mehr Löscheinheiten und damit kann man – theoretisch ein Volumen eines Holzstapels mit über 170 l oder 113 l brennendes n-Heptan löschen. Das wird einem zwar in der Praxis nicht gelingen (vergleichbar dem Spritverbrauch in Autoprospekten oder der km-Reichweite bei Elektrofahrzeugen), aber das ist dennoch eine gute Leistung und reicht für jeden Entstehungsbrand, der sich noch nicht vergrößert hat.

Man muss in Unternehmen in jedem Bereich für jede Art von Brandgut die jeweils richtigen Handfeuerlöscher bereitstellen (also qualitativ und quantitativ), wobei einige Löschmittel mehrere Brandklassen abdecken, so AB-Löscher die Brandklassen A (Feststoffe), B (flüssig und flüssig werdend) und brennende Stromanlagen und Elektrogeräte bis 1.000 Volt oder ABF-Löscher zusätzlich noch Speisefette.

Die ASR A2.2 möchte, dass der Arbeitgeber durch jeweils individuell geeignete Maßnahmen erreicht, dass die möglicherweise jetzt gefährdete Belegschaft im Brandfall ohne zeitliche Verzögerung davor gewarnt wird. Die nachfolgende Tabelle zeigt, für welche Flächen die ASR A2.2 welche Mengen an Löschmittel-Einheiten (LE) fordert:

Grundfläche	Löschmitteleinheiten
1–50 m^2	6 LE
51–100 m^2	9 LE
101–200 m^2	12 LE
201–300 m^2	15 LE
301–400 m^2	18 LE
401–500 m^2	21 LE
501–600 m^2	24 LE
601–700 m^2	27 LE
701–800 m^2	30 LE
801–900 m^2	33 LE
901–1.000 m^2	36 LE
Je weitere 250 m^2	+ 6 LE

Die ASR A2.2 will lediglich Handfeuerlöscher mit ≥ 6 LE als Grundausstattung angerechnet und zugezählt sehen, aber sie erlaubt neuerdings auch eine Abweichung, wenn die nachfolgenden fünf Punkte alle gegeben sind:

- Dieser Bereich gilt als normal brandgefährdet und nicht als erhöht brandgefährdet.
- Handfeuerlöscher hat ≥ 2 LE.

- Handfeuerlöscher ist ≥ 25 % leichter als die anderen.
- Entfernung zu Handfeuerlöschern wird von ≤ 20 m auf ≤ 10 m reduziert.
- Die Anzahl der vorhandenen Brandschutzhelfer wird von ≥ 5 % auf ≥ 10 % je Bereich erhöht.

Mögliche Löschmittelschäden sind lt. ASR A2.2 ebenfalls zu berücksichtigen; dieser Hinweis betrifft die salzhaltigen ABC-Pulver-Handfeuerlöscher, die man nur dann einsetzen darf, wenn auch wirklich brennbare Gase vorhanden sind (Brandklasse C) und gelöscht werden müssen – aus allen anderen Bereichen sind sie zu entfernen. Und bei Personenbränden kann es gefährlich werden, wenn man sich mit dem Löschgas CO_2 (das an der Austritts-Stelle –78 °C kalt ist) zu sehr der unbekleideten Haut (Gesicht, Hals) nähert, hier ist ein Abstand von mindestens 1 m einzuhalten – dann besteht keine Gefahr durch Unterkühlung. Doch auch eine weitere Gefahr besteht bei Kohlendioxid, denn 1 kg Löschgas kann auf ca. 5,5 m^2 den zum Atmen nötigen Sauerstoff verdrängen. Somit ist in kleineren Räumen auf diese Gefahr zu achten; CO_2-Löscher gibt es mit 2 kg und 5 kg, d. h. Räume die kleiner als 11 bzw. 27,5 m^2 sind, müssen vor oder beim Löschen verlassen und geschlossen werden. Die nachfolgenden Punkte sind stichpunktartig aufgeführt, weil sie selbsterklärend sind, und sie sind bei Bedarf in der ASR A2.2 nachzulesen:

- gut sichtbar
- dennoch immer ausgeschildert mit lang nachleuchtenden Schildern, ggf. mit einem Pfeil zum schnelleren Auffinden
- leicht erreichbar
- vorzugsweise in Fluchtwege
- Entfernung ≤ 20 m
- ggf. vor individuell möglichen, schädlichen Einflüssen schützen
- Griffhöhe jedes Löschers nicht unter 0,8 m und nicht über 1,2 m
- Standorte von Handfeuerlöschern in Fluchtwegepläne eintragen
- Bei erhöhter Brandgefahr zusätzliche Maßnahmen prüfen (ggf. TRGS 800 dazu lesen):
  - ggf. automatische oder manuelle Brandmeldeanlage
  - Erhöhung der Anzahl der Handfeuerlöscher
  - mehr gleichartige Handfeuerlöscher <u>oder</u>
  - zusätzliche Handfeuerlöscher mit weiteren, anderen Löschmitteln
  - gleichmäßigere Verteilung der Handfeuerlöscher <u>oder</u>
  - Mehr Handfeuerlöscher an einer Stelle
  - Kürzere Entfernung als 20 m zu den Handfeuerlöschern (10 oder 5 m)
  - bei einem größeren Brand besser zwei Personen, die zwei Handfeuerlöscher gleichzeitig abblasen als hintereinander
  - fahrbare Löscher anschaffen
  - flächendeckenden Wandhydranten

  - Lösch-Spraydosen je Arbeitsplatz anschaffen
  - Automatische Brandlöschanlage
  - Bestellung von Brandschutzbeauftragten
- Möglichkeit, Hilfe von außerhalb zu rufen (Handfeuermelder, Telefon)
- Möglichkeiten, die Personen im Gefahrenbereich zu informieren:
  - Sprachalarmanlagen (SAA)
  - Akustische Signalgeber (Hupen, Sirenen)
  - Hausalarmierungsanlagen
  - Elektroakustische Notfallwarnsysteme (ENS)
  - rein akustische Alarmsirenen, manuell ausgelöst
  - rein optisch funktionierende Alarmierungsmittel
  - Telefonanlagen
  - Megaphone, Handsirenen
  - Zuruf von Person zu Person
  - Personenbezogene, individuelle Warneinrichtungen
- Brandschutzhelfer, mindestens 5 % der anwesenden Belegschaft
- Brandschutztechnische Einrichtungen müssen funktionsfähig und gewartet sein, und bei Handfeuerlöschern ist die Wartung entsprechend den Vorgaben des Herstellers anzuwenden (Diese liegt bei den verschiedenen Modellen zwischen 1–10 Jahren.)
- Brandschutz auf Baustellen hat in dieser ASR auch eine besondere Bedeutung (Handfeuerlöscher, Brandschutzhelfer, Alarmierung, Unterweisung)

Und wenn Sie jetzt Begehungen machen, werden Sie nicht nur prüfen, ob Handfeuerlöscher vorhanden sind, sondern Sie werden auch auf die o. a. Punkte achten. Als Checkliste, die Sie bei Bedarf bitte individuell ergänzen, dient Ihnen folgendes:

Mögliche Kritikpunkte	**Ihre weiteren Ideen**
– Handfeuerlöscher nicht geprüft. – Handfeuerlöscher mit falschem Löschmittel. – Handfeuerlöscher nicht lt. ASR A2.2. – Handfeuerlöscher falsch angebracht. – Handfeuerlöscher-Löschmittel falsch ausgewählt. – Wandhydranten nicht gewartet. – Steigleitungen nicht gewartet. – Fahrbare Löscher falsch platziert. – Belegschaft nicht über den Sinn fahrbarer Löscher informiert. – Handfeuerlöscher nicht frei zugänglich. – Wandhydranten im Treppenraum platziert.	

4.6 An Gefährdungsbeurteilungen mitwirken

Das Kapitel 5.6 geht noch auf Gefährdungsbeurteilungen ein. Gefährdungsbeurteilungen müssen lt. ArbSchG erfolgen, und auch die verschiedenen Verordnungen, die diesem Gesetz folgen, fordern das; zweitens ist es eine Forderung von den Berufsgenossenschaften. Man muss also Gefährdungen für arbeitende Menschen beurteilen, um dann wirksame Vorsorge- und Gegenmaßnahmen ableiten zu können oder zumindest abmildernde Maßnahmen, wie z. B. das Verschreiben von persönlicher Schutzausrüstung. Die zuständige Berufsgenossenschaft kann gut dabei behilflich sein mittels Broschüren zur Beurteilung, die logisch anhand von Checklisten vorgehen, damit nichts Wesentliches übersehen werden kann. Aber auch im Internet findet sich viel, und manche Feuer-Versicherungen stellen ihren Kunden ebenfalls Hilfestellungen kostenlos zur Verfügung.

Es gibt keine Vorgabe, wie eine Gefährdungsbeurteilung definitiv auszusehen hat; wesentlich ist, dass man eine hat und dass diese auch individuell für dieses Gebäude, für dieses Unternehmen und eben diesen Bereich erstellt wurde und dass sie aktuell ist und gelebt (also umgesetzt) wird. Wie man mit Gefährdungen umgeht, sie einstuft und vermeidet bzw. kompensiert, wird an anderen Stellen im Buch abgehandelt. Alle Arten von Tätigkeiten in einem Unternehmen müssen in den Beurteilungen erfasst werden, und gleichartige Tätigkeiten können verständlicherweise zusammengefasst werden.

Oftmals ergibt die Gefährdungsbeurteilung, dass man wenig bis nichts benötigt oder zumindest keine Betriebsanweisungen erstellen muss – z. B. weil auf der Umhüllung der Flüssigseife steht, dass man sie nur zum Händereinigen verwenden darf. Vieles, was mit dem gesunden Menschenverstand zu tun hat, erübrigt sich zu vermitteln oder zu schulen oder auszuhängen – etwas, was in anderen Ländern (z. B. USA) gänzlich anders gesehen wird. Das Arbeitsschutzgesetz fordert seit 1996 stets aktuelle Gefährdungsbeurteilungen für die Arbeitsplätze und dabei ist eine wichtige Rangfolge zu beachten, wie vorzugehen ist, wie Gefahren professionell angegangen werden müssen.

Da Unternehmen ggf. auch lt. GefStoffV ein Explosionsschutzdokument benötigen, gehört dieses auch der Gefährdungsbeurteilung zugerechnet und bei beiden helfen gleichfalls Technische Regeln, die richtigen Beurteilungen zu finden. So steht in der TRGS 400: „Werden für die Durchführung von Arbeiten in einem Betrieb Fremdfirmen beauftragt und besteht die Möglichkeit einer gegenseitigen Gefährdung, haben alle Beteiligten bei der Gefährdungsbeurteilung zusammenzuwirken und sich abzustimmen." Man sieht hier schon, dass allein dadurch, dass eine oder zwei Fremdfirmen auf dem Gelände arbeiten, sich neue und anders gelagerte Gefahren ergeben können – und die muss man erfassen und kompensieren.

Betriebsanweisungen und Gefährdungsbeurteilungen hängen voneinander ab – ändert sich eine von beiden Seiten, hat das auch Einfluss auf die jeweils andere Seite. Solche Abänderungen kommen vor, wenn sich gesetzliche oder versicherungsrechtliche Dinge ändern, AGW-Werte heraufgesetzt werden oder wenn es eine Häufung bestimmter gleichartiger Unfälle oder auch Brände gab. Die nachfolgende Checkliste mag behilflich sein für den Brandschutzbeauftragten, die Gefährdungsbeurteilungen hinsichtlich „Brandschutz" zu optimieren:

Mögliche Kritikpunkte	**Ihre weiteren Ideen**
– Gefährdungsbeurteilung nicht erstellt. – Brandschutz nicht in die Gefährdungsbeurteilung eingearbeitet. – Gefährdungsbeurteilung nicht aktuell gehalten. – Neue Vorgaben eingearbeitet. – Lehren aus Bränden eingearbeitet. – Relevante Inhalte allen relevanten Personen vermittelt. – Tipps aus der Gefährdungsbeurteilung in die Betriebsanweisungen eingearbeitet. – Prävention zu wenig im Vordergrund. – Kuratives Verhalten vergessen hinzuschreiben.	

4.7 Zusammenfassung des Kapitels

Ich hätte Spaß daran, dieses Kapitel zum eigenen Buch zu machen – dann hätte es vielleicht 500 Seiten und würde immer noch Mängel haben, da einige bei Ihnen wirklich wichtige Punkte unerwähnt bleiben. Selbst wenn mir fünf gute Kollegen helfen und das Buch hätte 1.400 Seiten – es wäre nie ein Kompendium. Sie werden jetzt vielleicht enttäuscht sein, dass ich nur so wenig Punkte hingeschrieben habe. Aber erstens ist die Intension des Buchs eine andere. Zweitens sollen Sie dadurch angeregt werden, selbst aktiv zu werden, also sozusagen autodidaktisch. Drittens will ich hier die Hilfe zur Selbsthilfe geben und viertens kennt kaum eine Person Ihr Unternehmen brandschutztechnisch so gut wie Sie selbst, mit diesem Wissen kann ich nicht mithalten – und deshalb bekommen Sie es fünftens besser hin als ich, noch dazu aus der Ferne!

5 Elementar wichtig: Vorgaben kennen

„Sie dürfen von der Bauordnung abweichen, wenn Sie das begründen und kompensieren" – das war der erste Satz meines übrigens sehr fähigen Ausbilders in der Feuerwehrschule Geretsried, den er Anfang der 2000er Jahre den zukünftigen Brandschutz-Fachplanern sagte. Soll heißen: Vorgaben des Baurechts sind nicht immer in Stein geschlagen, man darf unter bestimmten Voraussetzungen von bestimmten Vorgaben abweichen (manche sind jedoch absolut, das ist uns allen klar!); diese Abweichungen sind im Baurecht – anders als in anderen Gesetzen – unter mehreren Bedingungen möglich und somit juristisch sauber:

a) Die Abweichung stellt keine Gefahr, Gefahrenveränderung, Gefahrenerhöhung dar.
b) Die Abweichung stellt nur eine geringe, aber unbedeutende Gefahrenerhöhung dar.
c) Die Abweichung an Stelle X stellt zwar eine Gefahr dar, diese wird jedoch durch die Maßnahme Y oder Tatsache Z vollwertig kompensiert.
d) Die Abweichung ist von einem Prüf-Brandschützer oder (meist: besser) von der zuständigen Behörde akzeptiert und im Idealfall auch noch von der Feuerversicherung.

Oftmals ist es sinnvoll oder sogar vorgeschrieben, wenn die ersten drei Punkte mit Punkt d kombiniert werden, also wenn man sich rückversichert. Aber um zu wissen, dass man von Vorgaben abweicht, muss man erst mal Vorgaben kennen.

Beispiel:
„Sie sind als Auftragnehmer verpflichtet, alle Arbeits- und Brandschutzvorgaben zu kennen und einzuhalten." Mit diesem Satz wollte einmal ein Unternehmen eine Handwerksfirma vor Gericht zur Schadenzahlung verklagen, und der Richter sagte in der ablehnenden Begründung: „Niemand, also weder ich noch sie oder ein Brand- und Arbeitsschützer, kann wirklich ALLE Vorgaben kennen. Sie hätten besser ein paar konkrete, hier aber wichtige und richtige Punkte hinschreiben sollen, dann hätte mein Urteil anders gelautet." Da steckt viel Wahrheit drin, denn weder ich als mehrfacher Buchautor, noch ein Richter, Baurechtler oder Professor kann alle Vorgaben kennen und dann auch noch alle Vorgaben richtig deuten – vieles liegt ja, gerade bei der Deutung, im subjektiven Bereich und bei über 30.000 Vorgaben und Regeln allein in Deutschland wäre es illusorisch oder arrogant von sich zu behaupten, wirklich alle zu kennen.

5.1 Bestimmungen kennen und werten

Im Brandschutz ist es jetzt nicht so, dass sich ständig was Relevantes ändert, und viele der Veränderungen müssen auch die Mitarbeiter der Wartungsfirmen für deren Arbeiten wissen und nicht wir. Denen müssen wir ja vertrauen, dass sie die Wartungs-, Reparatur- und Instandsetzungsarbeiten so durchführen, wie es eben heute üblich ist und nicht vor 10 und mehr Jahren geregelt war. Also, wenn Sie den Kurs „Brandschutzbeauftragter" belegt haben, dann reicht das aus. Fürs erste. Durch das Lesen weiterer Literatur wachsen Sie zwangsläufig in weitere Vorgaben hinein; wer eine TRGS, eine TRBS oder eine ASR liest, wird dort auf viele weitere Regeln verwiesen, auf andere Bestimmungen oder gesetzliche Texte, die man sich dann herunter lädt aus dem Netz und ebenfalls liest. So kommt an das zart bemuskelte Skelett immer mehr Substanz und schließlich wird man zum gesetzlichen Schwergewicht im Brandschutz – nach Jahren und Jahrzehnten. Mit diesem Wissen kann man dann werten, Juristen widersprechen, Alternativen aufzeigen und seinen Standpunkt erläutern und damit überzeugen.

Ich will Ihnen eine wahre Tatsache erzählen: Als ich in Wiesbaden einmal einen Kurs für Brandschutzbeauftragte abhielt, war der leitende Richter eines Oberlandesgerichts im Kurs. Das befremdete und beängstigte mich auch etwas und ich sagte zu ihm am ersten Tag: „Wenn ich etwas juristisch falsch sage, bitte fallen Sie mir ins Wort, ich will von Ihnen lernen." Am letzten Tag sagte ich zu ihm: „Warum haben Sie mir nie widersprochen?" Und er antwortete: „Ich war manchmal anderer Meinung als Sie, aber deshalb ist Ihr gesagtes Wort ja nicht falsch, es sind ja meist mehrere Meinungen möglich und manchmal auch mehrere Meinungen richtig. Aber ich habe immer verstanden, warum Sie so denken, wie Sie denken und darin habe ich keine Fehler entdeckt. Ich habe eben die juristische Blickrichtung, Sie die technische Brille im Studium bekommen!" Lassen Sie diesen Satz etwas nachwirken, mich beeindruckt er heute noch, nach ca. 15 Jahren! Oder so: Ist es nicht gut zu wissen, dass es Richter gibt, die intelligent abwägen können, die zuhören und begreifen und die nicht in richtig/falsch oder gut/böse einteilen? Richter, die Farbnuancen erkennen und dann Urteile fällen, die es in sich haben?

Fazit: Natürlich müssen wir Vorgaben kennen und wissen, welches Problem wir wo nachlesen können (Bauordnung, Arbeitsschutzrecht, Wartungsvorgaben, Herstellerangaben, Landesrecht, Versicherungsvorgaben, ASR, TR ...). Aber fast noch wichtiger als Vorgaben zu kennen ist, mit diesen auch umzugehen – also vor Ort einen Ist-Soll-Abgleich durchführen zu können.

5.2 Flucht- und Rettungswege

Insbesondere notwendige Flure und notwendige Treppen bzw. Treppenräume sind von besonderer Bedeutung und in Industriehallen auch die „normalen" Fluchtwege innerhalb der Hallen. Diese Bereiche müssen freigehalten werden und das bedeutet, dass dort keinerlei Gefahrbringendes sein darf. Die Zugangstüren müssen selbstschließend sein, ggf. sogar in Fluchtrichtung aufschlagen. Blicken Sie in Ihre Landesbauordnung und bitte lesen Sie nach, was es für Vorgaben für diese Bereiche gibt – und erst wenn Sie fündig geworden sind, lesen Sie hier weiter. Und Sie können auch die bayerische VVB (Verordnung zur Verhütung von Bränden) lesen, auch wenn Sie in einem der anderen 15

Bundesländer arbeiten; Sinnvolles hier ist anderswo ja nicht falsch. Die Arbeitsstättenverordnung gibt ebenso wie die DGUV Vorschrift 1 auch über Fluchtwege Auskunft, auch dort sollten Sie mal wieder nachlesen, was konkret gefordert ist. Auf *www.baua.de* finden Sie alle diese und viele weitere Vorgaben.

Sorgen Sie als Brandschutzbeauftragter, dass Fluchtwege freigehalten sind und entscheiden Sie, was „frei" bedeutet. Der Kopierer in der Flurnische ist nicht akzeptabel, ebenso wenig der Getränkeausgabeautomat im Treppenraum – das kommt alles jetzt weg, und zwar bevor es zu einem Brand kommt; oder aber es wird ein Rauchschutzvorhang vor den Kopierer gehängt – beurteilen, ob das effektiv ist, müssen Sie und ebenfalls, ob das Verstellen oder der Vorhang effizienter ist. Blicken Sie in die ASR A1.3 und ASR A2.3, wenn Sie über Fluchtwege, deren Ausgestaltung usw. mehr wissen wollen – aber messen Sie bei bestehenden Gebäuden jetzt bitte nicht auf den cm genau nach, ob die Fluchtweglänge nicht zu lange ist; sie wird ausreichend sein und wenn ein paar cm fehlen: So wie es ist, ist das Gebäude zugelassen, was wollen Sie denn jetzt ändern? Wichtig ist, dass es Fluchtwege gibt und dass diese funktionieren, wenn man sie braucht. Das mit den Fluchtwegen ist wie der Airbag oder Gurt im Auto: Man weiß ja nie, wann man ihn braucht, also muss der Airbag ständig beim Fahren funktionieren und der Gurt angelegt sein. So ist es auch mit den Fluchtwegen: Wenn man sie braucht, müssen sie frei von Rauch sein und dürfen nicht versperrt sein.

5.3 Handfeuerlöscher

Hierzu kann ich viel sagen, aber ich tue es nicht. Lesen Sie die ASR A2.2 bzw. ein paar Seiten weiter vorn die Kurz-Zusammenfassung und Sie wissen auch viel und Vieles über Handfeuerlöscher, aber neben der zuständigen Bauordnung ist die ASR A2.2 für uns die Bibel. Allerdings vermeiden Sie den Anhang der ASR A2.2 (Fassung 05/18), da sind leider praktisch in jedem Beispiel echte Fehler eingearbeitet, z. B. werden Pulverlöscher für Büros empfohlen und vieles mehr, was nachweislich falsch ist. Der Rest jedoch ist sinnvoll und gilt eben heute als Norm. Jetzt gebe ich Ihnen doch noch ein paar wenige Tipps zu Handfeuerlöschern, die Sie beachten sollten:

- kurze Laufwege
- gut sichtbar ausgeschildert (allseitig)
- geringes Gewicht (ca. 10 kg genügt zum Löschen eines Entstehungsbrands)
- möglichst ABC-Pulver vermeiden
- Handfeuerlöscher mit Kohlendioxid für den Einsatzzweck (Elektrogeräte) ausschildern

Handfeuerlöscher sind zum Bekämpfen von kleinen Entstehungsbränden, und diese sind noch so harmlos, dass man sich dem Feuer gefahrlos nähern kann. Wenn ein Feuer größer geworden ist, muss man keinen Löschversuch mehr durchführen, oder wenn man sich in Gefahr sieht; die Ansprüche steigen natürlich, wenn durch ein Feuer Menschen in Gefahr sind.

5.4 Vorgaben der Feuerversicherungen

Als Brandschutzbeauftragter ist es von größter Bedeutung, dass Sie den Versicherungsvertrag (ggf. sind es drei Verträge bei, im Extremfall, zwei bis drei unterschiedlichen Versicherungen: Gebäude, Inhalt, Betriebsunterbrechung) kennen und zwar was die Klauseln und Auflagen betrifft. Wenn der Versicherungsvertreter dann mal im Haus ist, sprechen Sie ihn auch auf Obliegenheiten an und hinterfragen, was sich die Versicherung da denn bitte konkret vom Unternehmen für ein Verhalten vorstellt. Und wenn Sie einen Konflikt sehen mit der geschriebenen und damit geforderten Theorie und der gelebten, praktizierten Praxis, dann sprechen Sie das an, möglichst bevor es zu einem Problem (sprich: Brand) gekommen ist.

Die VdS 2000 ist eine triviale, aber elementar richtige und wichtige Forderung, die wohl immer Bestandteil der Versicherungsverträge ist. Aber auch die VdS 2038, VdS 2007, VdS 2095 oder viele weitere VdS-Vorgaben können im Versicherungsvertrag aufgelistet sein, und diese muss man dann haben, kennen und umsetzen. Vertragsrelevantes muss eingehalten werden und um es einzuhalten, muss man die Vorgaben eben kennen.

5.5 Brandschutzordnung

Es gibt keine ASR oder TR für die Erstellung von Brandschutzordnungen, sondern lediglich eine – grundsätzlich unverbindliche – DIN, nämlich die DIN 14096; diese gilt jedoch als Stand der Technik und ist somit durchaus eher als verbindlich einzustufen. Diese müssen Sie sich jetzt nicht teuer kaufen, denn es gibt umgeschriebene Versionen und auch im Internet kostenlose Hilfestellungen, wie man eine DIN-gerechte Brandschutzordnung erstellt. Auch Ihre Feuerversicherung wird Ihnen eine kostenlose und sicherlich gute Empfehlungshilfe an die Hand geben. Wichtig ist, dass Sie wissen, Sie als Brandschutzbeauftragter müssen sich um die Brandschutzordnung kümmern, insbesondere die Teile B und C sind aufwändiger und diese müssen individuell die Bereiche abdecken, wo sie Gültigkeit haben.

Eine Brandschutzordnung enthält so wenig wie möglich und so viel wie nötig, und die für die Kantine wird bitte teilweise andere Inhalte haben als die für die Produktion; der Außendienstler wird in seiner Brandschutzordnung Hinweise haben, wie man mit Li-Batterie-betriebenen Elektrogeräten im Auto umgeht (z.B. Handy nicht am Körper tragen; Laptop und andere Gerätschaften nie auf dem Rücksitz, sondern – vor allem im geparkten Zustand – immer im Kofferraum; letzteres nicht nur aus Gründen des Diebstahlschutzes, sondern vor allem aus Gründen des Brandschutzes wegen der direkten Sonnenbestrahlung).

Dass eine Brandschutzordnung aus den Teilen A, B und C besteht, dass der Teil C den betreffenden Personen ausgedruckt vorliegen muss und der Teil B von allen in der Belegschaft mit Unterschrift bestätigt sein muss – das und vieles mehr sollten Sie in der Grundausbildung gelernt haben und deshalb wird hier jetzt nicht weiter darauf eingegangen.

5.6 Gefährdungsbeurteilungen

Eine Gefährdungsbeurteilung ist eine Zusammenschrift aller realen Gefahren, die aus völlig unterschiedlichen Richtungen auf einen Arbeitsplatz oder einen Menschen einwirken können. Und sie muss zweitens ganz konkrete Punkte enthalten – also Verhaltensmuster, um diese Gefahr(en) zu vermeiden. Somit müssen Arbeitsschützer, Ärzte, ggf. Chemieingenieure usw. daran mitwirken – und natürlich auch Brandschützer. Wir tragen dazu bei, dass durch korrektes Verhalten es a) nicht zu einem Brand kommt und wenn doch, dass b) das Feuer gelöscht wird. Wir gehen dabei achtstufig vor und im Lauf der Zeit bekommt man eine Routine, diese acht Punkte gegenseitig zu werten:

1. Alle Brandlasten erfassen
   Hierbei geht es um drei Dinge: a) festzulegen, ob Gegenstände leicht-, normal- oder schwerentflammbar sind und b) darum, ob sie nötig sind – also benötigt sind, oder ob man guten Gewissens darauf verzichten kann. Drittens geht es dann um die Beurteilung, ob davon eine Gefahr ausgeht, etwa sind offene Gegenstände in Regalen grundsätzlich gefährlicher als identische Stoffe in geschlossenen Schränken.
2. Alle potentiellen Zündquellen erfassen
   Grundlegend wird hier wie bei Punkt 1 vorgegangen; die Wirksamkeit einer möglichen Zündquelle liegt dabei im besonderen Blickwinkel, insbesondere die Gefahr von Elektrobränden und die der Verfahrenstechnik – aber auch vorsätzliche Brandstiftung darf nicht unterschätzt werden.
3. Schutzziele definieren
   Das wiederum bedeutet, wir kennen die gesetzlichen, behördlichen und versicherungsrechtlichen Vorgaben und wir kennen alle Aktivitäten im Unternehmen. Dazu kommt nun noch das, was sich das Unternehmen selbst auferlegen will an sicherheitstechnischem Niveau, das ist oftmals (vor allem, was Betriebsunterbrechungen betrifft) mehr als die von außen kommenden Vorgaben.
4. Erster und zweiter Fluchtweg
   Brennt es an Stelle A, muss man in Richtung B noch fliehen können, ohne in Gefahr zu sein – und umgekehrt. Die Möglichkeit, nach einem größer gewordenen Entstehungsbrand noch sicher selbständig fliehen zu können, ist ein ganz entscheidendes Kriterium für die brandschutztechnische Beurteilung.
5. Personenanalyse
   Sowohl Quantität, als auch Qualität ist hier entscheidend; soll heißen, dass eine Anzahl von einigen 100 Personen sich natürlich nicht so gut steuern und informieren lässt wie 25 Seminarteilnehmer – und 25 Personen im Hotel, aufgeteilt auf 25 Hotelzimmer, sind auch wieder kritischer zu sehen als diese 25 in einem Raum. „Qualitativ", damit meine ich, dass es auch sehr junge, sehr alte und aus anderen Gründen körperlich und/oder intellektuell beeinträchtigte Personen gibt, die sich im Brandfall ggf. selber nicht helfen kön-

nen, oder eben falsche Entscheidungen treffen; ggf. ist jetzt eine Betreuung nötig.

6. Wertung der Sicherheitstechnik
   Bestimmte Brandgefahren können mit bestimmten Techniken kompensiert werden, etwa automatische Brandlöschanlage, selbstschließende Tore, automatisch angehende Notstrombeleuchtung, sich selbständig öffnende Gebäudeausgänge usw.
7. Ist-Soll-Abgleich
   Was ist einerseits gefordert, was leisten wir andererseits? Dazwischen darf es keine Kluft geben, im Gegenteil: Die Ampeln müssen auf „grün" stehen, es darf keine unzumutbare Gefährdung mehr geben und auch ggf. selten vorkommende, negative Ereignisse (z. B. zwei voneinander unabhängige Vorkommnisse) müssen abgedeckt sein.
8. Maßnahmen planen und umsetzen
   Nun gilt es, bestimmte Maßnahmen baulicher, anlagentechnischer und sicherlich auch organisatorischer Art zu planen, gegenseitig abzuwägen, auszuwählen und umzusetzen. Machen Sie eine Liste mit den Maßnahmen, die sinnvoll und möglich sind und zwar aufgeteilt in baulich, anlagentechnisch und organisatorisch; man kann bauliches und die Anlagentechnik auch zusammenfassen, und man kann noch die Spalte „abwehrender Brandschutz" hinzunehmen. Ich bitte Sie als nächstes, dass Sie sich überlegen, welche der Maßnahmen zwar effektiv, aber nicht effizient sind und die streichen Sie dann. So kann Maßnahme A (z. B. Sprinkleranlage) die Maßnahme B (z. B. Brandmeldeanlage) überflüssig machen – aber viele Maßnahmen sollen sinnvoll nebeneinanderstehen und erübrigen sich eben nicht gegenseitig.

5.7 Mängelprotokolle

Verschiedene Personen unterschiedlicher Institutionen werden Ihr Unternehmen begehen, um anschließend Berichte zu schreiben. Das kann die BG sein, der Kreisbrandrat, jemand vom Bauamt, ein Feuerwehrmann (ggf. -frau) oder auch die Gewerbeaufsicht – aber es kann auch jemand von einer Feuerversicherung sein, ein externer Ingenieur, der Ihre Firma begeht und in manchen Branchen sind es auch Vertreter von den großen Abnehmern Ihrer Produkte. Diese Berichte, respektive deren kritischen Inhalt wird man Ihnen vorlegen und Sie sollen nicht nur, nein Sie müssen reagieren – und zwar zeitlich passend. Entweder, indem Sie eine Stellungnahme schreiben, warum man sich getäuscht habe und man eben nicht reagieren werde. Oder indem die Mängel abgestellt werden, so wie vorgeschlagen – oder alternativ dazu eine Lösung, auf die Sie selbst gekommen sind. Wichtig ist zu erkennen, von wem die Mängelliste kommt, wie ernst die Mängel sind und welche Fristen wir bekommen haben. Verstoßen wir gegen Fristen von Behörden oder Versicherungen, tun wir uns keinen Gefallen, im Gegenteil – ggf. wird eine Fristverlängerung beantragt und dann der Mangel bitte auch wirklich abgestellt.

6 Begehungen und Wartung der Technik

Brandschutzbeauftragte müssen Begehungen durchführen, und zwar für alle Bereiche, für die sie sich zuständig sehen: Außenbereiche, Lager, Büros, Verwaltung, Technik, Kantine, Küchenlagerbereiche, EDV usw. Und in all diesen Bereichen gibt es Technik, die dem Brandschutz dient: Brandmeldeanlagen, Handfeuerlöscher, Entrauchungsanlagen, Wandhydranten, Notbeleuchtung, Funkenerkennungsanlagen usw. Aber es sind auch Fluchtwegepläne, Piktogramme und ggf. auch Feuerwehreinsatzpläne bzw. Feuerwehr-Laufkarten vorhanden und das muss alles aktuell und komplett sein. Wer, wenn nicht wir, kümmert sich um „so was"? Mit „so was" meine ich Dinge, die erst mal nicht produktiv sind, aber eben dennoch gemacht werden müssen. Gehen Sie es an, es tut sonst nämlich keiner und es liegt eben in unserem Aufgabenfeld, Aufgabenbereich und damit in unserer Verantwortung.

6.1 Häufigkeit und Tiefe von Begehungen

Diese Frage wird Sie vielleicht mehr beschäftigen als alles andere bisher. Aber ich muss Sie enttäuschen, denn ich kann Ihnen keine festen Zeiten, keine vorgegebenen Begehungs-Tiefen vorgeben und es liegt natürlich auch an der Leistungsfähigkeit jedes einzelnen. Drei Beispiele dazu:

a) Im Burger-Laden werden die Toiletten stündlich auf Sauberkeit und Hygiene begangen, in Ihrem Unternehmen wahrscheinlich einmal am Tag. Beides ist ausreichend, jeweils individuell richtig und auch für Außenstehende nachvollziehbar.
b) Die Produktionsbereiche werden von Ihnen ggf. einmal die Woche begangen.
c) Das weniger stark frequentierte Außenlager 45 km südlich Ihres Firmensitzes liegend wird nur einmal in 3 Monaten begangen oder noch seltener. Auch das ist nachvollziehbar und damit korrekt, sinnvoll und „passend".

Wichtig bei der Festlegung, wie häufig und wie tief (also zeitlich aufwändig) Sie Begehungen machen ist, dass es für Außenstehende logisch nachvollziehbar ist, warum so häufig bzw. warum so selten Begehungen stattfinden. Selbst gleichartige Bereiche werden unter verschiedenen Bedingungen häufiger oder seltener begangen: Der für die Spielplätze in der Stadt H verantwortliche Beamte macht einmal die Woche einen Vor-Ort-Termin, um den Spielplatz – der immer korrekt, sauber ist – zu inspizieren. In der Stadt N jedoch geht der Beamte morgens vor 9 Uhr auf den Spielplatz, um die Glasscherben der Bierflaschen von der Tankstelle, die Jugendliche nachts vorsätzlich zerschlagen, aus dem Sand zu klauben; und um 16 Uhr geht der Beamte noch mal herum, um den Müttern zu sagen, sie mögen bitte keine Zigarettenkippen in den Spielsand drücken und, so machbar, ggf. das Rauchen hier und überhaupt aufzuhören.

Ähnlich wird es auch bei Ihnen sein. Geben Sie sich keine Intervalle vor, sie werden es schnell automatisch im Gefühl haben, in welchen Bereichen was kontrolliert werden muss und wie häufig das nötig ist. Es wird sich schlicht „einspielen", wann Sie wo vor Ort sind, ob Sie schriftlich oder mündlich weiter kommen, oder ein Schild anbringen müssen usw. Sinn der Begehungen ist es ja, den Brandschutz in die Köpfe der Menschen zu bekommen, um deren Handeln zu verändern – hin zum sicherheitsgerechten Handeln mit dem Ziel, weniger bis keine Brände zu haben und wenn doch mal, dann sollen die Menschen a) schnell und b) richtig reagieren, um c) die Schadenhöhen zu begrenzen.

6.2 Verantwortung erläutern und delegieren

Von den vielen Aufgaben des Brandschutzbeauftragten, Kontrollen durchzuführen, mitzuwirken und Dinge wieder ins rechte Lot zu rücken können und müssen Sie nicht alles machen. Wie gesagt, weder können, noch müssen. Also delegieren wir bestimmte Dinge wie die Wartung der Brandschutz- und Elektrotechnik, ggf. auch die Schulungen oder die Mitwirkung am Explosionsschutzdokument. Nun hat Delegieren sehr viel mit Vertrauen zu tun und jeder Mensch weiß, dass Vertrauen dann enttäuscht werden kann, wenn man mal eine Kontrolle durchführt. „Kontrolle" bedeutet übrigens, einen Ist-Stand mit einem Soll-Stand abzugleichen; Beispiele dazu sind:

Beispiele aus dem privaten Leben	Beispiele aus dem Brandschutz
– Steuererklärung wird geprüft – Klausur an der Uni wird bewertet – TÜV prüft Kfz – Pkw-Geschwindigkeit wird gemessen – Blutdruck wird gemessen – Taschenkontrolle im Geschäft	– Handfeuerlöscher werden geprüft – Lüftungsklappe wird geprüft – Gaslöschanlage wird geprüft – Brandschutztür wird geprüft – Fluchtwegeplan wird geprüft – Gefährdungsbeurteilung wird geprüft

Man sieht schnell, dass wir alle ständig bzw. regelmäßig geprüft werden, und wenn es eine Abweichung geben sollte, dann hat das bestimmte Konsequenzen. Diese können konstruktiv sein, aber auch (je nach Verstoß) erheblich negative Auswirkungen für uns und andere haben.

6.3 Technik: Eigenwartung oder Fremdwartung?

Das ist zum einen eine juristische und zum anderen eine handwerkliche Frage, ob man Wartung vergeben soll oder sie selbst durchführen kann durch Personen, die zum Unternehmen gehören. Beide Möglichkeiten haben Vor- und Nachteile und es gibt keine absolute Antwort darauf, was richtig ist. Die juristische Seite ist folgende: Wenn Wartungsfirma A einen fachlichen Fehler macht, der entweder zu einem Brand oder zu einer Brandschadenvergrößerung führt, dann liegt die Schuld wohl allein bei A und nicht beim beauftragenden Unternehmen. Macht aber ein Mitarbeiter vom Ihrem Unternehmen B einen Fehler, dann kann das auch zu einem Brandschaden oder zu einer Brandschadenvergrößerung führen. Nur ist jetzt ggf. das Unternehmen selbst schuld, weil eben jemand aus dem eigenen Haus einen Fehler gemacht hat. Somit kann der Versicherer zahlen müssen, oder aber er lehnt es ab, weil jemand einen Fehler gemacht hat und der Versicherer dies als grob fahrlässig einstuft.

Wer eine Fachfirma beauftragt, kann davon ausgehen, dass diese Firma weiß, welche Qualifikation der Prüfer haben muss und was zu prüfen ist. Wenn man eine „falsche" Firma beauftragt (etwa den Tierarzt zum Prüfen der Brandmeldeanlage, die Marketingstudentin zum Prüfen des EX-Schutz-Dokuments oder den Volkswirt zum Prüfen der Handfeuerlöscher), dann wäre das ein Organisationsversagen des Unternehmens und die juristische Hauptschuld würde beim Unternehmen, nicht beim Tierarzt, nicht bei der Studentin oder beim Volkswirt liegen.

Es ist also ein großer Vorteil, wenn man nach einem Schaden auf andere deuten kann und von deren Haftpflichtversicherung Geld erwarten darf. Noch sinnvoller und positiver ist es natürlich, es kommt nicht zu solchen Problemen und um das zu erreichen, kontrollieren wir die Kontrolleure und suchen sie uns gut aus. Wir sollen eine kritische Distanz zu Fremdfirmen haben und dort nicht unseren Freundeskreis suchen/aufbauen.

Nun ist es meist natürlich deutlich teurer, wenn Fremdfirmen kommen, als wenn ein hausinterner Handwerker etwas erledigt. Doch ob das langfristig wirklich so ist, ob man Schreiner, Schlosser, Elektroniker, Software-Spezialisten, Betriebsarzt, Feuerwehrleute, Brandschutzbeauftragte usw. wirklich günstiger „einkauft", wenn sie zum Unternehmen gehören, muss in jedem Einzelfall gerechnet werden. Oftmals sind natürlich externe Spezialisten fähiger, erfahrener und weitblickender als eigene Leute und da man sie ja nicht 8 Stunden am Tag und 5 Tage die Woche beschäftigen kann, sind dann wiederum externe Fachkräfte nicht nur besser, sondern unter dem Strich sogar vielleicht auch günstiger! Nachfolgend mal ein paar Beispiele und Tipps, die bitte auch völlig anders von Ihnen eingestuft werden sollen/dürfen, je nach Größe Ihres Unternehmens bzw. Konzerns:

Regelmäßige Wartung bzw. Prüfung nötig	**Selbst durchführen/Fremdvergabe**
– Handfeuerlöscher	– Fremdfirma oder eigene Feuerwehr
– Brandmeldeanlage	– Fremdfirma
– Brandlöschanlage	– Fremdfirma
– Klimakanalklappen	– Fremdfirma
– Kabelschotts	– Selber prüfen und ausführen
– Ex-Schutz-Dokument	– Explosionsschutz-Experte
– Brandschutzordnung	– Brandschutzbeauftragter
– Brandschutztüren	– Befähigter Handwerker/ggf. extern
– Fluchtwegbeschilderung	– Brandschutzbeauftragter
– Flure, Gänge, Fluchtwege	– Brandschutzbeauftragter
– Ausbildung der Brandschutzhelfer	– Brandschutzbeauftragter
– Notbeleuchtung	– Elektriker (intern, extern)

6.4 Wichtig: Prüfer prüfen!

Regelmäßig sieht man in RTL, PRO7, SAT.1 oder welchem Sender auch immer, wie Handfeuerlöscher manipuliert wurden, und wie die Wartungsfirmen dann heimlich gefilmt bei der Prüfung versagen: Es werden Rechnungen gestellt und keine echte Dienstleistung erbracht. Das ist auch nachvollziehbar, weil man das Produkt „durchgeführte Wartung" eben nicht so einfach sehen kann wie eine gestrichene Wand oder einen verlegten Bodenbelag, und da ist die Versuchung natürlich groß, ohne Zeitaufwand Kosten in Rechnung zu stellen. Deshalb ist es nötig, auch Prüfer zu prüfen, denn Wartungstechniker (egal ob intern oder extern) leisten leider nicht immer das, was man sich vorstellt, wenn sie sich sicher sein können, dass sie nie geprüft werden.

Da darf man sich nicht in die Tasche lügen und auf absolutes Vertrauen bauen und dann mit Enttäuschtsein reagieren. Nein, Wartungstechniker haben im Gegensatz zu anderen Handwerkern einen großen Vor- oder auch Nachteil: Man sieht nicht unbedingt nach Beendigung der Arbeit, ob diese auch ausgeführt worden ist. Anders als bei einem Maurer sieht man ja nicht, ob das Öl im Automotor erneuert wurde bei einer Inspektion, ob die Brandschutzklappe wirklich gangbar gemacht wurde oder ob wirklich alle 450 Handfeuerlöscher und nicht vielleicht nur 350 oder gar 120 geprüft wurden – jedenfalls haben alle 450 Handfeuerlöscher ein neues Siegel und sind entstaubt worden.

Es gilt der philosophische Satz: Wer jedem blind vertraut, wird bald von jedem enttäuscht sein. Allerdings darf man eine gesunde Skepsis gegenüber der Fähigkeit und der Bereitwilligkeit zu arbeiten anderen gegenüber nicht mit grundsätzlichem Misstrauen allen gegenüber verwechseln! Professor Harald Lesch sagte einmal so schön: „Vertrauen ist die Grundlage zu allem!"

Also sehen Sie den Prüfern ab und zu auf die Finger oder lassen das machen und dies durchweg häufig und unregelmäßig – schnell erkennen Sie gute und weniger gute Handwerker bzw. Firmen und werden sich entsprechend verhalten; somit optimieren Sie die Sicherheit und tun Ihrem Unternehmen einen großen Gefallen. Akzeptieren Sie einfach die Tatsache, dass der Prozentsatz von Betrügern und Versagern bei einer kleinen Summe von vielleicht x % liegen mag und dass dieser Prozentsatz bei Mitarbeitern von Wartungsfirmen aus den genannten Gründen eben leider deutlich größer ist.

7 Nötige Veränderungen

Wir werden dafür bezahlt Dinge zu verändern, und zwar verbessernd. „Ihr Vorgänger war großartig. Der hat im Verborgenen gearbeitet, den sah man nie und hörte nie was von ihm." Diesen Satz sagte mir tatsächlich einmal ein Geschäftsführer, der meinte, mit mir ginge es so weiter. Es dauerte nicht lange und wir trennten uns („einvernehmlich", wie es immer dann so schön heißt, wenn man sich nicht versteht und eine gerichtliche Auseinandersetzung beide Seiten meiden wollen). Diese wirklich wahre, aber sehr traurige Geschichte zeigt Ihnen, wie manche „da oben" gestrickt sind. Die meinen wirklich, Sicherheit sei etwas Nervendes, was kostet und nichts bringt und deshalb möge man sich damit nicht beschäftigen.

Es wird Veränderungen geben müssen – nicht radikal, nicht sofort, nicht überall und nur wirklich ganz selten um 180 Grad. Aber da die Technik, die Entwicklung fortschreitet, wir dazu lernen, die Gesetze sich ändern und unsere Ansprüche und wir ja auch aus Schäden und Bränden lernen, werden wir unser Verhalten privat und beruflich eben verändern. Wer heute noch so arbeitet wie vor 5 oder 10 Jahren, der wird wohl bald nicht mehr Arbeit finden, liebe Kollegen. Da muss man jetzt nicht beängstigt sein, es passiert eigentlich ganz von selbst, dass man sich umstellt, verändert und verbessert. Manchmal geht es so, dass es kaum merkbar von außen ist und es läuft problemlos, manchmal muss man dem „Glück" mit etwas Nachdruck verhelfen – trauen Sie sich das (zu).

7.1 Vorgesetzte „richtig" einbinden!

Das A und O ist, dass man nicht arrogant, besserwisserisch, belehrend auftritt, sondern „richtig". Bei Person A mag Verhalten a richtig sein, bei Person B das Verhalten b – es gibt keine Standardlösung, wie man mit Vorgesetzten spricht, welche Artikulation passend ist. Das ist eine Frage der Empathie und der eigenen Persönlichkeit sowie die des Gegenübers. Wichtig ist jedenfalls, dass wir einen Termin haben, bei dem auch genügend Zeit beim Vorgesetzten ist. Und dann fangen wir ggf. bei null an und erklären ihm, dass wir so eine Art Coach – also Trainer sind und keine Verantwortlichen. Brandschutzbeauftragter, nicht Brandschutzverantwortlicher. Die Verantwortung tragen die Vorgesetzten, nicht andere Personen. Die Gesamtverantwortung trägt die Geschäftsleitung, nicht der einzelne am Arbeitsplatz. „VERANTWORTUNG" ist ohnehin ein sehr komplexes juristisches Thema, denn jeder trägt in seinem Bereich die Verantwortung für sein Tun bzw. Handeln, aber auch für sein Nichtstun! Wir als Brandschutzbeauftragte übernehmen Aufgaben im Brandschutz, aber eben nicht Verantwortung für den Brandschutz.

7.2 Mitbestimmung bei Umgestaltungen

Wenn es verfahrenstechnische oder bauliche Veränderungen gibt, dann müssen wir Brandschutzbeauftragte aktiv werden und bitte eingebunden werden, bevor es zur Umsetzung kommt. Nachträglich wird es oft teurer und aufwändiger und weniger effektiv, wenn bestimmte Dinge abgeändert werden sollen, oder sie sind schlichtweg nicht mehr möglich. So müssen wir die Vorgaben der Bauordnung, insbesondere aber die darüber hinausgehenden Wünsche und Forderungen der Feuerversicherungen kennen, um die Gebäude so sicher (also: sicherheitstechnisch so attraktiv) wie möglich zu gestalten. Deshalb müssen wir den Kontakt zum Feuerversicherer suchen und halten und auch zur Berufsgenossenschaft und ggf. auch zu weiteren Institutionen und Behörden. Wir als Brandschutzbeauftragte werden nicht das Haupt-Sagen haben, wenn es Veränderungen gibt, aber wir haben ein Mitspracherecht und werden unsere sinnvollen wie maßvollen Vorstellungen, so gut wir es eben schaffen, umgesetzt sehen. Wir halten unsere Stellungnahmen fest, damit wir anschließend belegen können, was wir ändern wollten – ggf. rettet uns das auch oder bringt anderen Probleme (was aber bitte nicht Sinn der Sache sein soll). Dass wir dabei nicht 100 % erreichen, ist bitte normal und nicht frustrierend, denn sonst wäre unser System ja wohl eine Diktatur und das wünscht (hoffentlich) kein Demokrat.

7.3 Vorbereiten auf Diskussionen

Bevor Sie als Brandschutzbeauftragter an den Chef, die Belegschaft, den Betriebsrat, den Kreisbrandmeister, die Berufsgenossenschaft, den Versicherungsangestellten usw. heran treten, um Thema A oder Komplex B zu besprechen, überlegen Sie sich zwei Dinge: a) Welchen Standpunkt hat diese Person bzw. muss diese Person aufgrund der Zugehörigkeit zu dieser oder jener Institution vertreten? und b) Wie wird diese Person argumentieren, wie wird diese Person das Problem beurteilen? Und nun überlegen Sie sich, wie Sie darauf reagieren – mit Zustimmung, mit Kritik, mit niedrigeren oder auch mit höheren Forderungen? Sammeln Sie gute Argumente für Ihre Meinung, ggf. sind das gesetzliche Forderungen, die Sie zitieren oder es sind Schutzziele, die das Unternehmen selbst wünscht. Oder sie haben eine preiswertere Alternative vorzuschlagen?

Es ist wichtig, vorbereitet in Diskussionsrunden zu gehen, d. h. man hat Pläne, Listen usw. dabei und man hat ein Ziel, das man erreichen will, ggf. auch muss. Ein Rhetorikkurs kann behilflich sein, um sich besser artikulieren zu können, denn manchmal „gewinnt" nicht die fachlich bessere, sondern die rhetorisch bessere Person eine Diskussion. Allerdings sollte immer das fachliche Wissen und echte Argumente im Vordergrund stehen und nicht billige Schaumschlägerargumente; letzteres ist nicht unsere Art, nicht unser Niveau und würde auch keiner kritischen Prüfung Stand halten können.

7.4 Professionelle Entscheidungs-Matrix erstellen

In diesem Unterkapitel bekommen Sie eine richtig gute, brauchbare Hilfestellung, wie sie üblicherweise in der Betriebswirtschaftslehre erarbeitet wird: Setzen Sie die Tipps um und Sie werden a) Geld sparen, b) bessere Qualität bekommen, c) individuell das Richtige bekommen und – auch wichtig – d) bei den Vorgesetzten sehr professionell ankommen. Wenn größere Anschaffungen anstehen, sollen oder müssen wir mehrere Angebote einholen. Dass der Billigste nicht immer der Beste ist, sollte klar sein, so kennen wir es ja auch bei privaten Käufen von Kleidung, Möbeln oder Lebensmitteln. Andererseits ist der Teuerste oft auch nicht der Beste und wer nun am besten ist, das lässt sich objektiv ohnehin fast nie exakt bestimmen. Selbst wenn Angebot A das Beste ist, so kann es jedoch auch sein, dass das Angebot B deshalb besser ist, weil es völlig ausreichend und deutlich günstiger ist, oder weil der Service kostengünstiger oder die Wartungsintervalle länger sind. Wie beim Wohnungs-, Kleidungs- oder Nahrungskauf hat jeder ja andere Auswahlkriterien oder auch bei der Wahl des Urlaubsortes und der Urlaubsart – da gibt es dann kein richtig oder falsch, sondern nur passend oder nicht passend. Wenn sich große Firmen mit Brandschutztechnik neu eindecken wollen, dann kann das schon zum Politikum werden, wenn man z. B. europaweit ausschreiben muss oder die Firmen sich verbotenerweise – was man natürlich meistens nicht belegen kann – kartellartig untereinander absprechen. Bei Handfeuerlöschern, Sprinkleranlagen, Brandmeldeanlagen usw. kann man manchmal schon fast von mafiösen Strukturen sprechen, wie Firmen Angebote unterbreiten oder auch unterlaufen. Versuchen Sie, Solidität rein zu bringen und möglichst objektive Kriterien. So kann man als Grundlage des Angebots-Prüfverfahrens z. B. ansetzen (ggf. reicht es, wenn man sich 5 Punkte heraushoIt):

- Berücksichtigung der vorgegebenen Zielsetzung
- Beachtung äußerer Randbedingungen
- Übereinstimmung mit Systemanforderungen
- Gründlichkeit und Glaubwürdigkeit des Angebots
- Schnittstellen zu anderen Gewerken
- Qualität (oft nicht einfach zu beurteilen, wie bei Kleidung oder Fahrzeugen)
- Anschaffungs- und Unterhaltskosten (manchmal sind die Unterhaltskosten maßgeblicher!)
- Service- und Wartungskonzept (Kosten, Zeitdauer eines Einsatzes, gerade außerhalb der Arbeitszeiten)
- Referenzsysteme

Dann überlegt man sich Kriterien, die einem wichtig sind, und gibt den jeweiligen Angeboten Punkte; wenn man einem Punkt besondere Bedeutung beimessen will (etwa Service oder Anschaffungskosten, Bedienerfreundlichkeit oder Schnelligkeit der Techniker bei außerplanmäßiger Einsatznotwendigkeit), dann kann man das ja noch mit einem Multiplikationsfaktor versehen: Dieser kann von 0,5 bis 3 (also halb so wichtig bei 0,5 und dreimal so wichtig bei x 3) versehen. Die quantifizierbaren Maßstäbe kann man dann nach folgendem Schema einstufen, um sie numerisch gegenüberstellen zu können:

Punkte	Bewertung
100	Übertrifft die Anforderungen in allen Punkten bei weitem.
90	Übertrifft die Anforderungen in allen Punkten gut.
80	Übertrifft die Anforderungen in allen Punkten.
70	Übertrifft die wesentlichen Anforderungen.
60	Übertrifft einige Anforderungen, der „Rest" ist akzeptabel.
50	Erfüllt alle von uns gestellten Erwartungen.
40	Erfüllt die meisten Anforderungen.
30	Akzeptabel.
20	Erfüllt die Anforderungen nur teilweise.
10	Erfüllt wesentliche Anforderungen nicht.
0	Nein bzw. liegt jenseits jeglicher Diskussion. (K.-o.-Kriterium)

Nun haben Sie also vier Angebote von vier verschiedenen Firmen – egal für welches Produkt – und müssen aus jeweils 80–250 Seiten Angebotserstellung herauslesen, welches Angebot Sie warum am liebsten dem Chef zur Beauftragung vorlegen. Ihre Argumente und Kriterien bleiben intern, d. h. die Fremdfirmen bekommen diese nicht vorgelegt, aber der Chef natürlich schon – denn der wird Ihnen ja auch ein paar Kriterien sagen, die ihm wichtig sind oder auch ein paar Multiplikationsfaktoren anders wertend vorgeben (was ja völlig okay wäre).

Anmerkung: So eine Angebotserstellung kann die Firmen 5.000,– und mehr € Geld kosten und ich habe Verständnis für Firmen, die sagen, dass man pauschal ein Angebot machen kann, aber für eines, an dem man zwei Wochen sitzt, das muss in Rechnung gestellt werden. Wer das nicht macht, muss diese Kosten anderen Kunden pauschal berechnen. Wenn also eine anbietende Firma sagt: Das Angebot kostet 3.500,– € und wird bei Auftragsvergabe verrechnet, dann ist das ggf. mutig, richtig und nicht unsolide. Die Firma verdient ja nicht an der Angebotsrechnung Geld, sondern am eigentlichen Auftrag und man kann davon ausgehen, dass das Angebot dann schon besser sein wird als das von anderen, zumal die Firma ja anerkennt, dass man offenbar zu einer ehrlichen Verbindung bereit ist, weil man Geld investiert. Nachfolgend finden Sie also vier Angebote mit einer objektiven Wertung:

Nr.	Kriterien	Angebot A	Angebot B	Angebot C	Angebot D
1	Kosten der gesamten Hardware	30	70	50	60
2	Kosten der Software	60	60	50	60
3	Zeitdauer der Installation	50	80	30	50
4	Jährlich kalkulierter Unterhalt	60	60	80	40

Nr.	Kriterien	Angebot A	Angebot B	Angebot C	Angebot D
5	Kosten für Regieeinsätze	70	90	70	70
6	Benutzeroberfläche, Bedienbarkeit	50	90	90	100
7	Ausbaufähigkeit (Erweiterung)	80	70	30	90
8	Vollständigkeit des Angebots	90	80	100	70
9	Langlebigkeit der Anlage	90	40	70	60
10	Glaubwürdigkeit	90	70	70	40
11	Bestandwahrscheinlichkeit der Firma	100	50	50	30
12	Qualität der Referenzobjekte	70	70	90	90
13	Schnittstellen zu Subsystemen	60	60	80	70
14	Zuverlässigkeit der Technik	80	70	60	70
15	Bleibt der Angebotsersteller auch nach Beauftragung Projektleiter?	0	30	60	100
...	Weitere Kriterien von Ihnen: ...				
∑		9.400	9.300	8.700	8.400

Sie sehen also, dass hier Firma A am besten, Firma B am wenigsten gut abschneidet. Aber vielleicht ist Ihnen Punkt 10 (Glaubwürdigkeit) besonders viel wert und die Kosten (Punkte 1, 2, 4 und 5) weniger? Oder es ist genau umgekehrt? Oder die Langlebigkeit (Punkt 9) der Anlage und der Bestand des Unternehmens (Punkt 11) ist für Sie von besonderer Bedeutung? Dann werden Sie die Veränderungsfaktoren anders setzen, als ich es jetzt hier unten mache, und schon gibt es andere Wertungen, plötzlich ist die Reihenfolge nicht mehr A-B-C-D, sondern eben B-C-D-A:

Punkt	Wertender Faktor	Angebot A	Angebot B	Angebot C	Angebot D
1	2	60	140	100	120
2	0,8	48	48	40	48
3	0,2	10	16	6	10
4	0,5	30	30	40	20
5	1	70	90	70	70
6	1	50	90	90	100
7	1,5	120	105	45	135
8	0,5	45	40	50	35
9	0,5	45	20	35	30
10	1	90	70	70	40
11	1	100	50	50	30
12	1,5	105	105	135	15
13	1	60	60	80	70
14	1	80	70	60	70

Punkt	Wertender Faktor	Angebot A	Angebot B	Angebot C	Angebot D
15	1,5	0	45	90	150
	∑ = 15, Ø = 1	913	979	961	943

Es wird schlicht nicht möglich sein, solide und wettkampfsportlich nachvollziehbare, also objektive Kriterien zu kreieren, die belegen, welches Angebot warum das Beste ist, und wenn man die vier o. a. Zahlen bei der Summe anschaut, wird schnell klar, dass die Angebote praktisch gleich gut sind, alle liegen sie zwischen 913 und 979 Punkten – da ist keiner wesentlich besser als der andere; es kommt eben auch noch auf das Bauchgefühl an, das man im Leben privat wie beruflich nie unterdrücken sollte. Wenn man Angebot A auf 100 % setzt, ist B um 7 % besser, C um 5 % und D um 3 % und wenn man B auf 100 % setzt, ist A mit 93,3 % um ca. 7,6 % schlechter, C mit 98,2 % um knapp 2 % und D mit 96,3 % um ca. 3,7 %. Nun kann man noch den subjektiven Faktor (Sympathie, räumliche Nähe, Vertragslänge usw.) berücksichtigen und wird dann einen der vier wählen – keiner hat sich aufgrund der Auswahlkriterien ins Abseits gestellt, in diesem Beispiel (Sie werden andere Fälle erleben als dieses „geschönte Beispiel"!).

Bei der Wichtung ist es von Bedeutung, dass die Quersumme (also die Addition alle Wertungspunkte geteilt durch deren Gesamtzahl) gleich 1 ist, sonst kann man keine objektive Beurteilung durchführen. Nur so kann man von 1 (also 100 %) sagen, was eben bei 150 % (Faktor 1,5) liegt und was mit nur 40 % (Faktor 0,4) eingeht. Nun kann es natürlich sein, dass unterschiedliche Firmen und Personen auch unterschiedliche Faktoren der Wertung haben, und je nachdem kommen völlig andere Werte und Reihenfolgen der Einstufung heraus:

Punkt	Faktor A	Firma A	Faktor B	Firma B	Faktor C	Firma C	Faktor D	Firma D
1	0,5	15	2	140	1,5	75	0,5	30
2	1	60	1	60	2	100	0,7	42
3	1	50	1	80	1	30	0,8	40
4	1	60	1	60	2	160	1	40
5	2	140	0,5	45	2	140	2	140
6	1	50	0,5	45	1	90	1,5	150
7	2	160	0,6	42	1,5	45	2	180
8	0,7	63	0,5	40	0,5	50	0,8	56
9	0,6	54	1,2	48	0,5	35	1,5	90
10	1	90	1	70	0,3	21	1,2	48
11	1	100	2	100	1	50	0,5	15
12	1,2	84	0,7	49	0,5	45	0,5	45
13	1	60	1	60	0,5	40	0,5	35
14	1	80	1	70	0,7	42	0,5	35
15	0	0	1	30	0	0	1	100

Punkt	Faktor A	Firma A	Faktor B	Firma B	Faktor C	Firma C	Faktor D	Firma D
Ø	15	71,1	15	62,6	15	61,5	15	69,7
∑	–	1.066	–	939	–	923	–	1.046

Gab es oben noch die Reihenfolge B-C-D-A, ist sie jetzt A-D-B-C, und die Abweichungen sind auch so gering, dass man ein Angebot nicht wirklich löschen möchte. Auch jetzt gilt es, subjektiv und objektiv vorzugehen und bei aller Subjektivität der Angebotsbeurteilung ist dennoch das Persönliche, Menschliche etwas heraus zu rechnen: Person A von Firma A macht einen freundlicheren Eindruck, aber weniger professionell als Person B von Firma B, dafür wird Firma C wohl langfristig den Markt beherrschen und bestehen bleiben, was bei D nicht sicher ist.

7.5 Auf Veränderung bestehen – oder nachgeben?

Die ganz große Kunst im Brandschutz ist zu entscheiden, wann man bei seiner Meinung bleiben muss und wann man großzügig auch „5" mal als „gerade" durchgehen lassen kann. Das ist wie im sonstigen Leben, bei der Kindererziehung oder im Straßenverkehr auch, dass man grundsätzlich überlegt und besonnen sein muss – aber manchmal eben auch nicht auf- oder nachgeben darf und eventuell ist es sogar rücksichtslos oder kontraproduktiv, wenn man es nicht tun würde. Bekommen Sie ein Augenmaß, sprechen Sie vorab mit den Interessenvertretungen und haben Sie ein Gefühl, was sein muss und was wirtschaftlich auch möglich ist bei Ihnen im Unternehmen bzw. Konzern.

Es wird Fälle geben, da bestehen Sie auf eine Abänderung und zwar sofort, andere wiederum werden bis Jahresende umgestellt, und die Sprinkleranlage wird wohl erst in 2–5 Jahren eingebaut werden können. Nachfolgend ein paar Anhaltspunkte zur Entscheidungsfindung, ich habe Ihnen je 12 reale Situationen geschildert, die ich so einstufe (Sie dürfen gern kritischer oder großzügiger sein, das ist ja nicht in Stein gemeißelt, und diese Punkte können auch noch so oder so unterschiedlich in verschiedenen Unternehmen gesehen werden.):

Gleich umstellen	In ca. 6 Monaten umstellen	Langfristig umstellen
1) Keile dauerhaft entfernen unter Brandschutztüren 2) Rauchverbot für besonders gefährdete Bereiche aussprechen 3) Palettenlager von Außenwand verlegen 4) Öltropfende Anlagen reinigen und reparieren 5) 4-Augen-Prinzip bei bestimmten Arbeiten einführen 6) Erlaubnisschein für feuergefährliche Arbeiten einführen 7) Müll allabendlich aus den Räumlichkeiten entfernen 8) Private Elektrogeräte verbieten 9) Gebäudeblitzschutz prüfen lassen 10) E-Bikes aus Garage entfernen 11) Allabendliche Kontrollen einführen 12) Fliesen unter Wasserkocher stellen	1) Kopierer aus notwendigem Flur entfernen, neuen Standort finden 2) Getränkeautomat aus Treppenraum entfernen 3) Folienschrumpfen gegen Folienwickeln tauschen 4) Substitutionsprüfungen und verfahrenstechnische Veränderungen 5) Müllsammelraum von Zündquellen befreien 6) Belegschaft schulen 7) Grundstück einzäunen 8) Brandschutzhelfer ausbilden 9) Löschwasser-Rückhaltebecken schaffen 10) Kabelschotts prüfen und verschießen 11) Für mehr Sauberkeit, Übersicht und Ordnung sorgen 12) Pinnwände aus allen notwendigen Fluchtwegen entfernen	1) Brandmeldeanlage einbauen 2) Brandlöschanlage einbauen 3) Neubau brandschutzgerecht betreuen 4) EDV brandschutztechnisch abtrennen 5) Gabelstapler-Ladestationen in eigene Räume legen 6) Nichtbrennbare Dämmung an den Gebäuden realisieren 7) Feuerwehrzufahrt schaffen 8) Löschwasser-Speicherbecken schaffen 9) Produktion baulich vom Lager trennen 10) Veraltete Türen austauschen 11) Automatische RWA-Anlagen-Ansteuerung einbauen 12) Ausgangs- und Fertigteilelager baulich trennen

Ich bin überzeugt, Sie finden weitere Punkte und würde mich darüber auch sehr freuen; oder Sie verwenden diese Tabelle, um andere zu überzeugen mit den Worten: „Sehen Sie, der stuft das auch so kritisch ein wie ich, also müssen wir wohl handeln, bevor uns jemand grobe Fahrlässigkeit vorwerfen kann!"

8 Schulungen

Es gibt im Brandschutz sog. Soft-Facts, wie z.B. Schulungen, und Hard-Facts, wie z.B. Sprinkleranlagen. Beides bringt Nutzen, die Kosten mögen bei diesen beiden subjektiv gewählten Beispielen sehr weit auseinander liegen, aber worum es mir geht: Soft-Facts sind oftmals die wichtigeren, und das sehen manche Leute nicht ein – eben weil sie preiswert sind. Bitte glauben Sie mir, ich profitiere ja nicht von einer Lüge: Dass die Belegschaft geschult und damit sensibilisiert ist, das ist wesentlich wichtiger als wenn unsensibel vorgehende Menschen in gesprinklerten Hallen arbeiten. Jeder der 200 oder 3.000 in Ihrem Unternehmen muss 8 Stunden am Tag die richtigen Handlungen vornehmen. Das sind bei 200 Personen 1.600 Stunden am Tag und dies fünfmal in der Woche und bei 3.000 Personen ca. 6 Mio. Stunden im Jahr. Klar, dass da mal was schiefläuft, denn nicht jeder überlegt bei jeder Handlung, ob das auch brandsicher ausgehen wird.

Der organisatorische Brandschutz ist der wesentliche Bestandteil des Brandschutzes. Natürlich sind Sprinklersysteme, Brandmeldeanlagen, RWA-Anlagen, Brandwände, Handfeuerlöscher und feuerhemmende Türen sinnvoll und nötig, aber der wesentliche Teil ist nun mal, dass möglichst alle im Unternehmen wissen, was zu tun ist und wie es zu tun ist. Brandschutz muss in den Köpfen der Leute angekommen sein bei deren täglichen Handlungen – nur dann haben wir eine Chance, dass er auch umgesetzt wird. Solche organisatorischen Punkte gelten als Soft-Facts, andere wie Sprinklerschutz oder baulicher Brandschutz als Hard-Facts. Kaufleuten sind häufig Hard-Facts wichtiger, aber das ist hier grundlegend falsch! Beides ist übrigens wichtig, auch der PC, an dem ich dieses Buch schreibe, benötigt neben der Hardware auch Software, eines ist nichts ohne das andere. Also, dieses Kapitel beschäftigt sich mit den Schulungen – was nichts anderes bedeutet, als dass die Belegschaft erfährt, was im Brandschutz richtig ist, um präventiv Brände zu vermeiden und was im Brandfall richtig ist, um sich nicht zu gefährden, aber ein Feuer dennoch löschen zu können.

8.1 Sinn und Anspruch an Schulungen

Der Sinn ist Ihnen sicherlich längst klar, den muss nicht ich Ihnen, sondern den müssen Sie jetzt den Vorgesetzten erläutern. Aber den Anspruch, dazu möchte ich Ihnen etwas sagen. Ich möchte nämlich, dass Sie einen hohen Anspruch an Ihre Schulungen haben. Wenn Sie sie sehr gut planen, werden Sie sie gut umsetzen. Und wenn Sie sie gut planen, werden Sie sie mittelmäßig umsetzen, usw. Und in wenigen Jahren werden Sie auch bei guter Vorbereitung sehr gut sein. Wenn Sie sie mittelmäßig (lässig, nachlässig, zu kurz) planen, werden Sie sie mäßig umsetzen. Und das ist Ihnen bitte zu wenig und dem Auditorium übrigens auch.

Schießen Sie dennoch nicht übers Ziel hinaus mit dem Enthusiasmus und Ihrer Präsentation, mit der Quantität der Unterlagen usw., aber liefern sie ab. Überzeugen Sie in den Vorträgen, bringen Sie den Brandschutz herüber. Gehen Sie auf die einzelnen Bereiche und Arbeitsplätze ein, schildern Sie Brandschäden, Beinahe-Schäden, zitieren Sie Versicherungskriterien und -klauseln usw. Dann sind die Schulungen gut und kommen an. Dann spricht man auch firmenintern über den Brandschutz und wird sich am Arbeitsplatz auch daran erinnern, um sich korrekt zu verhalten. Binden Sie die Leute auch aktiv ein mit Fragen oder Erzählungen, strahlen Sie natürliche und ehrliche Freude aus, haben Sie keine Angst vor Fragen oder den Leuten, und dann wird das auch gut ankommen. Aber rechnen Sie auch damit, dass manche Menschen vor anderen nicht reden können oder wollen, also „zwingen" Sie jetzt Ihr Auditorium nicht, mitzumachen. Das kann so gehen: Sie stellen die Frage „Wer hat das schon mal erlebt, der hebt bitte die Hand. Keine Angst, Sie müssen nichts sagen, ich möchte nur einen Überblick bekommen." Oder so: „Wer den Fall auch so sieht, hebt bitte eine Hand – und weder Handheben, noch die Hand unten lassen wird Ihnen einen Nachteil einbringen, versprochen!" So lockert man Schulungen freundlich auf und der positive Nebeneffekt ist: Dadurch, dass die Leute aktiv mitmachen, fühlen sie sich wohler und wichtiger und haben mehr Freude daran, hören auch besser zu. Nur nicht übertreiben, nicht alle 5 Minuten eine aktive Einbindung vornehmen.

8.2 Pflicht und Kür

Es gibt Dinge, die müssen wir herüberbringen und solche, die können wir schulen. Dabei halten wir uns an das, was die Berufsgenossenschaft, was die Brandschutzordnung und was die Feuerversicherungen wünschen, dass es bekannt gemacht wird – dann haben wir unsere Pflicht erledigt. Nun sollen wir uns natürlich auch selbst einbringen und jeder hat andere Schwerpunkte und andere Meinungen zu bestimmten Forderungen und wird für das eine oder andere mehr Zeit benötigen.

So bringen z. B. gute Referenten heute die sogenannten 5 W-Fragen überhaupt nicht mehr zur Sprache, sondern erläutern einfach, wie man mit der Feuerwehr telefoniert und dass man ruhig zuhört, Fragen beantwortet, nicht einfach unüberlegt auflegt und nicht in den Hörer schreit. So einfach und logisch das klingt, im Brandfall schaffen das ohnehin 90 % nicht einzuhalten. Wer sich jetzt wundert, warum man die ach so wichtigen 5 W-Fragen nicht schulen soll: Wer bei der Feuerwehr wegen eines Brands anruft, der ist – freundlich ausgedrückt – nervös. Er hat es auch eilig. Die Gegenstelle jedoch ist souverän, nicht aufgeregt, geschult und die bestimmt das Gespräch, stellt Fragen und da das ein Profi ist, weiß diese Person, worum es geht, und diese Person beruhigt auch den Anrufer und geleitet ihn sicher ins Freie. Das ist viel wichtiger jetzt, zuzuhören, als irgendwelche Dinge von sich zu geben. So fragt der Feuerwehr-Telefonist z. B. auch nach dem Firmen- und Straßennamen und natürlich die Hausnummer und auch nach dem Namen der anrufenden Person. Also, die sog. 5 W-Fragen, die schulte man noch brav 1970 – heute sind wir weiter und zwar wesentlich!

Bei der Pflicht gibt es jährlich Punkte, die man jedes Mal erwähnen muss und dann gibt es bitte jährlich irgendwelche aufeinander aufbauende Punkte, die man zum Jahres-Schwerpunktthema erklärt; das könnte sein:

- Gebäuderäumung
- Prävention
- kuratives Verhalten (Löschen)
- Entrauchung
- Punkte aus der DGUV Vorschrift 1
- Themen aus der Brandschutzordnung, Teil B
- Einsatzmöglichkeiten und -grenzen von Handfeuerlöschern
- Wirkungsweisen verschiedener Löschmittel in Handfeuerlöschern
- brandsicherer Umgang mit Elektrogeräten
- juristisch korrekter Umgang mit privaten Elektrogeräten
- Brandschutz in Spezialbereichen (EDV, Stromverteilung, Küche)

Das war die Pflicht, und jetzt die Kür; hier können Sie artverwandte Themen bringen, die dennoch natürlich Sinn machen und wo es sich lohnt, zuzuhören; oder Sie bauen was ein, was die Menschen eben nicht nur hier, sondern privat zu Hause brauchen können:

- Brandschutz an Silvester zu Hause
- Küchenbrandschutz zu Hause
- Brandschutz im Wohnzimmer
- Umgang mit Elektrogeräten zu Hause
- Tipps zum Löschen für zu Hause (Löschspray-Dosen)
- Schadenschilderungen
- Feuerwehreinsatz-Berichte
- Herzeigen eines besonderen Films über Brände
- Erläuterung einer Brandschutz-Einrichtung (Aufbau Feuerlöscher, Sprinkler …)
- u. v. a. m.

Erstellen Sie Ihre Power-Point-Präsentation mit ca. 23-Punkt-Schriftgröße in Fett für die Überschrift und die stichpunktartigen Unterpunkte dann in ca. 19-Punkt-Größe (Normaltext). Wählen Sie eine nicht verschnörkelte Schrift mit eher geraden und dicken Buchstaben, das kann man besser lesen. Und dann lassen Sie das ausdrucken und zwar immer sechs Charts auf ein DIN-A4-Blatt (ggf. die Rückseite auch bedrucken lassen). Die Unterschriftenliste der Anwesenden geben Sie der Personalabteilung und kopieren sie für sich zuvor. Dann heften Sie das zusammen und können gerichtsfest belegen, wer (Teilnehmer) wann (Datum und Uhrzeit) was (diese Präsentation) und von wem (Sie, denn Sie unterschreiben diese Liste auch) vorgestellt bekommt. Das nimmt Ihnen kaum Platz ein im Regal und bringt bei möglichen, vorhersehbaren Problemen wirklich viel, auch vor Gericht – und dies gilt selbst dann, wenn die Unterschriften nur in Kopie vorliegen!

8.3 Schulungen „gerichtsfest" durchführen

Wenn staatsanwaltlich ermittelt wird, soll bzw. muss immer mindestens folgendes vorgelegt werden: Gefährdungsbeurteilungen, Gefahrstoff-Kataster, EX-Schutz-Dokument, Erstunterweisungen, Brandschutzhelfer-Belege, Brandschutzorganisation (Organigramm) und Folgeunterweisungen. „Was nicht binnen 15 Minuten vorliegt, gilt als nicht existent und was nachgereicht wird, gilt als manipuliert" – solche und ähnlich wenig sympathische Sprüche hört man dann von der Vertretung der Staatsanwaltschaft. Insbesondere die Gefährdungsbeurteilungen sowie die individuelle Unterweisung jeder einzelnen Person sind von besonderer Bedeutung. Hier kommen jetzt fünf neue W-Fragen, die man gut und glaubhaft beantworten können sollte, will man diesem Damoklesschwert entgehen – das ggf. auf die vorgesetzte Person herunter brechen könnte:

a) Wer (Wer hat Schulungen, Informationen abgehalten?)
b) Wem (Wer hat diese Schulung abbekommen?)
c) Wann (An welchem Tag war das?)
d) Von wann bis wann (Wie viel Zeit hat die Schulung gedauert?)
e) Was (Welche Themen wurden gebracht?)

Sie gehen bitte zu den vorgesetzten Personen, und zwar auf Augenhöhe, unabhängig Ihres Titels und deren Titel und Position im Unternehmen. Diese Personen sind für die sicherheitstechnische Unterweisung der Belegschaft zuständig und damit verantwortlich und Sie, gemeinsam mit der Fachkraft für Arbeitssicherheit, bieten diese Schulungen an. Es ist also nicht so, dass Sie diese Personen bitten, Schulungen durchführen zu dürfen – sondern umgekehrt: Weil Sie ein netter und hilfsbereiter Mensch sind und weil Sie es können, bieten Sie an, diese Schulungen zu halten. Der Vorgesetzte möge Ihnen bitte sagen, an welchem Tag, und Sie haben dann natürlich möglichst auch Zeit. Die Schulung findet nicht in der letzten Arbeitsstunde statt, denn da sind die Leute ausgepowert, hören kaum noch zu und sind in Gedanken auch schon in der Freizeit.

Nach der Schulung, die vielleicht über 60 Minuten geht, lassen Sie sich von jedem unterschreiben, dass er anwesend war, dass man das Gehörte verstanden hat und akzeptiert und das bestätigt die Unterschrift. Schließlich unterschreiben Sie auch noch und oben steht eben Datum und Zeit auf der Unterschriften-Liste. Dann haben Sie in den 60 Minuten vielleicht 18–24 Charts (bitte nicht mehr!) gezeigt und diese haben in der Überschrift ca. 23-pt-Größe (fett) und die Unterpunkte sind mit mind. 18-pt-Größe geschrieben. Wenn Sie jetzt auf ein DIN-A4-Blatt sechs Charts drucken und ebenso auf die Rückseite, so kann man das gerade noch lesen und Sie können mit drei Blättern die Schulung gerichtsfest belegen: Blatt 1 ist die Unterschriften-Seite der teilnehmenden Personen (ggf. in Kopie, das Original kann in die Personalabteilung oder die Fachabteilung – so eine Kopie gilt auch als Beleg für Juristen, denn Sie haben die Kopie selbst erstellt und können somit bestätigen, dass nichts manipuliert wurde.) und die beiden angehefteten Seiten bilden die gezeigten Folien ab.

Was aber tun, wenn eine Person erst nach 10, 20 oder 30 Minuten eintritt? Ggf. vermerken Sie persönlich (fehlte die erste Viertelstunde) dies neben dem Namen; oder aber, wenn eine Person erst kurz vor dem Ende eintritt, dann verweigern Sie die Unterschrift auf dem Deckblatt und verweisen auf den nächsten Schulungstermin, den man bitte pünktlich wahrnehmen soll.

8.4 Psychologie für „Veränderungen"

Wir Menschen sind entweder – persönlich, nicht politisch gemeint – eher konservativ oder eher progressiv veranlagt. Die Wahrheit liegt dann dazwischen, denn extrem progressiv würde ja revolutionär extremistisch bedeuten und extrem konservativ würde orthodox rückständig bedeuten und diese Wesen haben glücklicherweise die wenigsten Personen. Die Wahrheit liegt also bei Ihnen und mir irgendwo zwischen diesen beiden Einstufungen; das kann vielleicht bei 30:70, 40:60 oder auch 70:30 liegen. Das ist eine gute Grundvoraussetzung, wenn man sich im Mittelfeld oder etwas rechts und links davon befindet.

Grundsätzlich sind wir Menschen so, dass wir Veränderungen erst mal nicht wünschen – würde es ja bedeuten, dass wir uns umstellen müssen und es ist ja auch schön, so eine Einstellung zu haben: Wer alles oder Vieles ändern will, der ist mit seinem Leben weder zufrieden, noch mit sich im Reinen. Und wer nichts mehr verändern will, der ist – sorry – innerlich ausgebrannt oder aufgrund des extrem hohen Alters schon bald oder fast tot. Wie so häufig liegt also das Ideal ungefähr in der Mitte.

Mit diesem Wissen gehen Sie jetzt an die Sache heran: Die meisten Menschen sind mit sich und ihrem Leben im Reinen und wünschen keine Veränderung – denn die muss ja nicht ins Positive gehen, es kann ja auch nachteilig sein. Und da man sich mit seinem Leben, so wie es ist, arrangiert hat, sträubt man sich gegen Veränderungen. Sie können ja zu Hause mal in der Küche die Schrankinhalte vertauschen, die Bücher im Regal umstellen und auf die Reaktion Ihrer Mitbewohner warten. Oder Sie denken daran, wie wenig glücklich Sie das letzte Mal waren, als der Supermarkt, in dem Sie immer einkaufen, die Inhalte der Regale umgestellt hat oder gar die Regalreihen neu geordnet hat. Und für ganz „Mutige" der Tipp: Räumen Sie von Ihrem Lebenspartner mal eigenmächtig seine Schrankteile um, wenn die Frau oder der Mann nicht zu Hause ist – der wird das nicht gut finden, versprochen. Und so denken Leute oft auch in Schulungen, wenn sie zukünftig ihr Verhalten ändern sollen. Berücksichtigen Sie das und die Schulungen werden gut bis sehr gut.

Und so geht es jetzt der Belegschaft, die eben nicht drauf aus ist, von uns Tipps und Vorgaben zu bekommen, wie man zukünftig arbeitet – Rauchen ist jetzt an der gewohnten Stelle verboten (ich muss weiter gehen zum Rauchen als bisher), die feuergefährliche Arbeit benötigt eine Brandwache (kostet Personal und damit Geld und bringt doch nichts!) und einen Erlaubnisschein und man muss sich jetzt damit auseinandersetzen, dass neben dem üblichen Wasserlöscher noch ein CO_2-Löscher hängt (jeder hat einen anderen Einsatzzweck). Sie sehen sehr schnell, dass sich dafür die Begeisterung in Grenzen halten wird. Also ist es primär wichtig zu vermitteln, warum etwas anders wird – und es dadurch eben auch besser, sprich sicherer wird.

Beispiel:
Als die Dreifach-Steckdosen ohne Verlängerungskabel (Diese waren direkt in der Steckdose.) verboten wurden, gab es als Ersatz solche mit Verlängerungskabel. Sinn der Aktion war, dass Trafos nicht mehr mit Zugbelastung die Stecker im vollwandigen Kontakt stören, damit es dadurch nicht mehr so oft zu Bränden kommt. Als die TV-Sender und Zeitungen über dieses Verbot berichteten (Ende der 1960er Jahre), gab es Hamsterkäufe der alten Stecker. Hätten die Zeitungen gesagt „Es gibt eine neue, preiswerte und deutlich sichere Technik, ab jetzt wird nicht jede Woche eine Wohnung mehr abbrennen ...", dann hätten die Menschen sicherlich die neuen Steckverbindungen gekauft und die Direktstecker weggeworfen. Vergleichbare Beispiele gäbe es noch viele, doch das ist jetzt nicht nötig, denn Sie haben sicherlich verstanden, worum es geht: Den Nutzen stellen wir in den Vordergrund, nicht ein Verbot – und so wird eben eine Vorgabe eher akzeptiert.

8.5 Brandschutzhelfer auswählen und ausbilden

Ein Brandschutzhelfer wird sich freiwillig melden, oder aber man hilft zart nach. Eine kleine Belohnung könnte dazu beitragen, dass sich Personen dafür bereit erklären oder aber Ihre Überzeugungskraft: Wer Brandschutzhelfer wird, hat keine besondere, andere oder gar höhere Verantwortung als jede andere Person im Unternehmen. Nein, aber diese Person hat mehr Informationen, mehr Fachwissen und das kann man nicht nur beruflich, sondern auch privat anwenden. Brandschutzhelfer sind der „verlängerte Arm" des Brandschutzbeauftragten in den verschiedenen Abteilungen, d. h. wir sind deren fachliche Ansprechperson, uns spielen diese Leute Informationen zu und wir helfen ihnen, beantworten Fragen, lösen Probleme. Die Ausbildung sollte einen halben Tag nicht unterbieten, ggf. sogar einen ganzen Tag lang dauern. Man kann (kann, aber muss nicht) anschließend noch eine Prüfung abhalten, die für eine bestimmte Ernsthaftigkeit sorgt – denn wer will schon ggf. durchfallen und vor den anderen als minderintelligent dastehen?

Hierzu noch ein Tipp: Gestalten Sie diese Prüfung leicht und sollte dennoch eine Person sie nicht bestehen, so sagen Sie das nicht vor anderen. Es wird sich ein Moment finden, wo Sie sich mit dieser Person zusammensetzen, um über die Defizite in Ruhe und ohne Stress zu sprechen – das wird Ihnen diese Person hoch anrechnen und schon haben Sie einen beruflichen Freund, Verbündeten mehr.

Folgende Inhalte sind bei der Ausbildung für Brandschutzhelfer zu vermitteln lt. DGUV Information 205-023, und daran sollen Sie sich halten:

- rechtliche Grundlagen
- Brandschutzorganisation
- Aufgaben von Brandschutzhelfern
- Verbrennungsvorgang, Brandgefahren
- Brandklassen und Löschmittel
- Brandbekämpfungseinrichtungen
- schriftliche Abschlussprüfung

Wer die o.a. Punkte einem Neueinsteiger wirklich in einem halben Tag oder weniger vermitteln kann, den bewundere ich. Ich halte solche Schulungen meist über einen ganzen Tag ab und merke, dass die Begeisterung mit dem Lernerfolg zunimmt und auch die Angst vor der Prüfung. Jeder der o.a. Punkte hat noch Unterpunkte in der DGUV Information 205-023 und das kann man nicht zügig oder nebenbei in 90 Minuten herüberbringen.

Und danach oder während dessen ist bitte auch – Pflicht! – eine Übung mit Handfeuerlöschern dabei. Dabei sollte man mit Wasser und auch mit Kohlendioxid löschen, von Pulver und Schaum rate ich aus Gründen des Umweltschutzes ab.

8.6 Aushänge, Hauszeitungen, Intranet und Co.

Brandschutz wird dann besonders ankommen, wenn er nicht einmalig, sondern regelmäßig vermittelt wird. Deshalb muss man sich unterschiedliche Medien und Möglichkeiten überlegen, wie man den Brandschutz jeweils erläutert. Also, Schulungen sind ja Pflicht und die finden natürlich auch statt. Man kann jetzt, da die Schulungen ja jährlich wiederholt werden, auch Aufgaben verteilen, etwa solche:

- Wir sehen uns in einem Jahr wieder zur Schulung. Bitte bringen Sie mir einen Zeitungsartikel (oder Zeitschriftenartikel) über einen Brand, eine brandschutztechnische Erfindung mit.
- Bitte sprechen Sie im Bekannten-, Verwandten- und Freundeskreis einmal über Brandschutz und geben nächstes Mal mit ein paar wenigen Sätzen zusammenfassend die Highlights wieder.
- Fragen Sie in diesem Kreis, ob jemand einen Brand erlebt hat und was dabei alles passiert ist (Löschen, Umzug, Renovierung, Probleme mit Versicherung ...).

- Gehen Sie mal mit offenen Augen durch das Unternehmen und achten, was Ihnen an baulichem, anlagentechnischem und organisatorischem Brandschutz auffällt.
- Gehen Sie in den nächsten 12 Monaten mit offenen Augen durch das Unternehmen und überlegen sich, ob Ihnen Mängel auffallen, oder wo Sie etwas verbessern würden und warum bzw. was.

Machen Sie es zu Ihrer Schulung, die soll pfiffig und anders sein als es andere machen und anders, als die Leute es erwartet haben.

Wenn Ihr Unternehmen eine Hauszeitung hat von vielleicht 16 Seiten, dann sollten Sie die Redaktion kennenlernen, ggf. gemeinsam mit der Fachkraft für Arbeitssicherheit. Und dann bitten Sie um eine halbe Seite, um eine viertel Seite oder auch einmal im Jahr um eine ganze Seite. Es geht jetzt nicht darum, anderen Platz wegzunehmen – es geht darum, den Brandschutz bekannt, publik zu machen und ins Bewusstsein zu bringen. Sie werden nicht vier Mal im Jahr eine pfiffige Idee für den Brandschutz haben, was in die Zeitung gehört – das macht auch gar nichts. Aber Sie haben eben einmal eine originelle Sache, dann einen Schadenfall, den Sie schildern, dann mal nichts und beim nächsten Mal stellen Sie wieder etwas Allgemeines über Brandschutz in das Blatt.

Gleiches gilt fürs Intranet und für sog. schwarze Tafeln. Besorgen Sie sich Aushänge, entwerfen Sie selbst welche und weisen Sie auf korrektes Verhalten im Brandfall hin. Inhaltlich wirklich gute Plakate gibt es meist von den Berufsgenossenschaften, doch sind diese leider meist so langweilig gehalten, dass kaum eine Person Lust verspürt, diese Informationsschriften mit dem Charme von abgestandenem Bier zu lesen. Also entwerfen Sie selbst, ggf. mit der Grafikabteilung, pfiffige, gute, provokative Plakate und unterlegen Sie diese mit informativen Texten.

9 Aufgabenfelder und deren zeitlicher Aufwand

Die Grundausbildung für Brandschutzbeauftragte umfasst nach der im Dezember 2020 neu aufgelegten DGUV Information 205-003 nach wie vor mindestens 64 Unterrichtseinheiten, deren zeitliche Verteilung aber – anders als bisher – nicht mehr so starr reglementiert ist. Jetzt steht die Vermittlung von Kompetenzen im Mittelpunkt und hier insbesondere die sechs nachfolgend aufgeführten Punkte: Erinnern, Verstehen, Anwenden, Analysieren, Evaluieren und Kreieren. Dann wird es konkreter, ohne jedoch wie früher auf konkrete Inhalte oder zeitliche Vorgaben einzugehen: Es beginnt mit den wichtigen und völlig unterschiedlichen Rechtsquellen (die ja Grundlage für die Arbeit sind!), dann folgen baulicher, anlagentechnischer, organisatorischer und abwehrender Brandschutz. Schließlich werden acht verschiedene Möglichkeiten der Gestaltung des Ablaufs der Ausbildung vorgeschlagen, beginnend von einem 2-Wochen-Kurs à 32 Unterrichtseinheiten (das wird nach wie vor die favorisierte Lösung sein und bleiben), über eine Mischung aus Selbstlern- und Praxisphasen, Arbeitsprojekte und auch Online-Varianten sind möglich. Es ist also nach wie vor möglich und aktuell, wenn man die 60 Unterrichtseinheiten à 45 min. so aufteilt (4 UE sind für die Prüfungen vorgesehen), wie es bisher der Fall war, aber man ist eben deutlich variabler in der Aufteilung der Themen. Grundlegend soll es mehr Eigeninitiative und somit Projektarbeit(en) geben und das können Fallbeispiele, Begehungen, Situationsbewertungen usw. sein. Während in der alten Fassung dieser Information 90 % Multiple-Choice-Fragen empfohlen wurden, steht jetzt auf Seite 21 unter Punkt 5.5 der DGUV Information 205-003 von 12/20: „offene Aufgabenstellungen sind Multiple-Choice-Fragen vorzuziehen“. Es würde auch Sinn machen, sich vor Beginn des Kurses ein Buch durchzulesen wie z. B. „Der Brandschutzbeauftragte – Grundwissen für Ausbildung und Praxis“, Boorberg-Verlag, mittlerweile in der 4. und aktualisierten Auflage vorliegend.

9.1 Die 26 Aufgaben des Brandschutzbeauftragten

Es mag effektiver, preiswerter, besser, zügiger und somit effizienter sein, wenn ein Teil der Aufgaben des Brandschutzbeauftragten von anderen übernommen wird. Deshalb macht es Sinn, diese Aufgabenliste durchzugehen, um abzuklären, wer sich für was zuständig und damit verantwortlich zeigt. Es bringt nichts und soll nicht angestrebt werden, „möglichst alles“ – warum auch immer – an sich zu reißen, denn manches kann, manches will man nicht machen und für manches hat man schlicht die Zeit nicht. Andere sind manchmal besser oder preiswerter oder schneller, und dann sollen andere das übernehmen.

Nr.	Aufgabenfeld	Kommentierung
1	Erstellen und Fortschreiben der Brandschutzordnung	Das ist zu 100 % unser Job und hier halten wir uns zum einen an die DIN 14096, zum anderen an die Vorgaben, Tipps und Empfehlungen von Feuerversicherung und staatlichen Behörden (so aus diesen Richtungen etwas kommt).
2	Mitwirken bei Beurteilungen der Brandgefährdung an Arbeitsplätzen	Auch das ist zu 100 % unser Job und hier holen wir uns Hilfestellungen von der Berufsgenossenschaft, von der Feuerversicherung, vom Inverkehrbringer der Anlagen und Substanzen und sicherlich holen wir uns auch im Internet Hilfe.
3	Beraten bei feuergefährlichen Arbeitsverfahren und bei dem Einsatz brennbarer Arbeitsstoffe	Hier sind wir darauf angewiesen, dass wir einbezogen sind; dann ist es natürlich unser Job, ein sicheres Arbeitsverfahren zu wählen und einen guten Erlaubnisschein vorzulegen.
4	Mitwirken bei der Ermittlung von Brand- und Explosionsgefahren	Insbesondere bei den Explosionsgefahren werden wir ggf. die Hilfe Dritter in Anspruch nehmen müssen, die Brandgefahren werden wir als Brandschutzbeauftragter selbst analysieren können.
5	Mitwirken bei der Ausarbeitung von Betriebsanweisungen, soweit sie den Brandschutz betreffen	Gesetzlich sind Betriebsanweisungen gefordert, so eine Gefahr anderweitig nicht abgehalten werden kann. Die Brandgefahren von Geräten, Stoffen und Arbeitsverfahren zu analysieren (und dann, ganz konkrete Maßnahmen der Prävention abzuleiten), das ist unsere Aufgabe.
6	Mitwirken bei baulichen, technischen und organisatorischen Maßnahmen, soweit sie den Brandschutz betreffen	Auch das ist zu 100 % etwas, wo sich die für den Brandschutz zuständige Person einbringen soll und immer tiefer einarbeiten muss. Kontakte mit dem Architekten bei Umbauarbeiten, mit Fachplanern der Gebäudetechnik und die gesamte Brandschutzorganisation, das ist unser Job.
7	Mitwirken bei der Umsetzung behördlicher Anordnungen und bei Anforderungen des Feuerversicherers, soweit sie den Brandschutz betreffen	Auch hier ist unser Job erwähnt. Die Wortwahl mitwirken zeigt, dass auch andere involviert sein sollen und müssen, wir aber bitte um Rat gefragt werden und uns konstruktiv einbringen werden. Besonders der gute Kontakt zur Feuerversicherung soll aufgebaut und gehalten werden.
8	Mitwirken bei der Einhaltung von brandschutztechnischen Bestimmungen bei Neu-, Um- und Erweiterungsbauten, Nutzungsänderungen, Anmietungen und Beschaffungen	Das kann ein ggf. zu großer Aufgabenkomplex für Neueinsteiger sein. Anmietungen, da haben wir praktisch keinen Einfluss auf die Gegebenheiten und die Vertragsgestaltung, und bei Umbauarbeiten müssen wir viel mit Fachfirmen, dem leitenden Architekten usw. kommunizieren und uns auch durchsetzen können. (Gerade bei bestimmten Architekten dürfte das dem neuen Bandschutzbeauftragten oft nicht leichtfallen.)

Nr.	Aufgabenfeld	Kommentierung
9	Beraten bei der Ausstattung der Arbeitsstätten mit Feuerlöscheinrichtungen und Auswahl der Löschmittel	Hier müssen wir besonders investieren; das ist zwar weniger zeitintensiv, aber umso anstrengender, weil die unsere Feuerlöscher liefernde Firma es meist nicht gewohnt ist, dass wir eine derartig individuelle und schadenmindernde Beratung wünschen – oder wir wechseln eben die Fachfirma.
10	Mitwirken bei der Umsetzung des Brandschutzkonzepts	Neue Gebäude haben ca. seit dem Jahr 2000 ein Konzept, in dem der Brandschutz erläutert wird, ältere meist nicht. Dieses Konzept liegt uns vor, wir lesen es einmalig und holen uns die Teile heraus, die das Betreiben und Erhalten des Gebäudes betreffen.
11	Kontrollieren, dass Flucht- und Rettungspläne, Feuerwehrpläne, Alarmpläne usw. aktuelle sind, ggf. Aktualisierung veranlassen und dabei mitwirken	Das ist unser Job und das wird sozusagen nebenbei erledigt. Viele Brandschutzbeauftragte werden die Erstellung solcher Pläne anderen überlassen, oder sie besorgen sich die nötige Software und machen das selbst, beides wäre okay – wichtig ist, dass es gut und professionell erledigt wird. Wenn eine Aktualisierung ansteht, dann sind wir natürlich gefordert, diese einzuleiten.
12	Planen, Organisieren und Durchführen von Räumungsübungen	Hier arbeiten wir mit der Fachkraft für Arbeitssicherheit zusammen und erstellen ein brauchbares Konzept. Wir müssen ja solche Übungen in regelmäßigen Abständen durchführen, ohne dass irgendwo definiert ist, wie oft.
13	Teilnehmen an behördlichen Brandschauen und Durchführen von internen Brandschutzbegehungen	Sollte sich ein Begeher anmelden (BG, Bauamt, Versicherung ...) und wir zeitlich verhindert sein, dann bitten wir um Vor- oder Rückverlegung des Termins. Wir müssen unbedingt dabei sein, sonst haben wir nicht verstanden, was unser Job ist und wie man Kontakte knüpft, aufbaut und hält.
14	Melden von Mängeln und Maßnahmen zu deren Beseitigung vorschlagen und die Mängelbeseitigung überwachen	Hier steht jetzt juristisch sehr vorsichtig ausgedrückt, dass wir Mängel eben lediglich melden und vorschlagen, was jetzt zu tun sei; andere werden dann Entscheidungen treffen und diese „anderen" tragen damit auch die volle Verantwortung – angenehm für uns.
15	Unterstützen der Führungskräfte bei den regelmäßigen Unterweisungen der Beschäftigten im Brandschutz	Hier treten wir als Servicedienstleister und nicht als Bittsteller auf. Die Führungskräfte müssen die Belegschaft unterweisen oder unterweisen lassen. Und unser Job ist es dann meist, diese individuell für diese Abteilung vorbereitete Schulung durchzuführen.
16	Aus- und Fortbilden von Brandschutzhelfern	Der Brandschutzhelfer ist fachlich in der Lage und juristisch berechtigt, Brandschutzhelfer auszubilden – allerdings benötigt er entweder Hilfe für die geforderte praktische Übung mit Handfeuerlöschern, oder aber er verfügt selbst über die hierfür nötigen Gerätschaften und den Platz im Freien für die Löschübung.

Nr.	Aufgabenfeld	Kommentierung
17	Prüfen der Lagerung brennbarer Flüssigkeiten und Gase	Hier rate ich dringend, die TRGS 510 zu lesen und umzusetzen, denn das ist die beste und praktisch einzige Dokumentation, die als quasi Gesetz Gültigkeit besitzt.
18	Kontrollieren der Sicherheitskennzeichnungen für Brandschutzeinrichtungen und für die Flucht- und Rettungswege	Hier wird sich wohl kaum etwas tun über die Jahre, und bei den regelmäßigen Begehungen fallen einem natürlich auch Verstöße oder mutwillige Sachbeschädigungen auf, und wir werden diese dann beseitigen, ohne Dritte darin zu involvieren.
19	Überwachen der Benutzbarkeit von Flucht- und Rettungswegen	Auch das ist ein Teil der üblichen Begehungen, die wir durchführen, und wenn Notausgänge versperrt sind oder notwendige Flure und Treppenräume nicht frei sind, werden wir binnen kürzester Zeit für Abhilfe sorgen – möglichst bitte dauerhaft: Das ist eine der wirklich kritischen Sachen, wo wir unangenehm penetrant werden müssen, denn das geht schnell ins Strafrechtliche.
20	Organisation der Prüfung und Wartung von brandschutztechnischen Einrichtungen	Sprinkler, Handfeuerlöscher usw.: Dass die Technik geprüft und intakt ist, das kann unser Aufgabenbereich sein – oder aber er liegt in den Händen vom FM, was bei einer guten FM-Abteilung meist auch sinnvoller aufgehoben wäre; verfügt Ihr Unternehmen über so eine Abteilung, freuen Sie sich also bei der Abnahme dieses Aufgabenbereichs und fühlen sich nicht beschnitten.
21	Kontrollieren, dass festgelegte Brandschutzmaßnahmen eingehalten werden, insbesondere bei feuergefährlichen Arbeiten	Kontrolle bedeutet, einen Ist-Stand mit einem Soll-Stand abzugleichen. Das wiederum bedeutet, dass andere etwas tun müssen und unser Job ist es festzustellen, ob diese Personen diese Aufgabenfelder auch ernst nehmen, umsetzen – wenn nein, wird das Konsequenzen haben.
22	Mitwirken bei der Festlegung von Ersatzmaßnahmen bei Ausfall und Außerbetriebsetzung brandschutztechnischer Einrichtungen	Hier müssen wir unbedingt primär unsere Feuerversicherung mit ins Boot holen, um bei Bränden bzw. Brandschadenvergrößerungen keine vorhersehbaren juristischen Probleme zu bekommen. Zusatzpersonal, Feuerwehr informieren, Türen schließen usw.; es wird uns eine Reihe von wirksamen Maßnahmen einfallen, die jetzt umzusetzen sind – präventiv, nicht kurativ.
23	Unterstützen des Unternehmens bei Gesprächen mit den Brandschutzbehörden und Feuerwehren, den Feuerversicherungen, den Unfallversicherungsträgern, den staatlichen Arbeitsschutzbehörden usw.	Eigentlich wurde im Punkt 13 hierüber bereits ausführlich gesprochen. Wir vertreten natürlich unsere Unternehmen und dessen Interessen, aber die Interessen der anderen Seite sind ja grundlegend in die gleiche Richtung – anders bei konkurrierenden Unternehmen! Das bedeutet, wir sehen diese Personen und Institutionen als unsere Partner, die eigentlich nichts anderes machen, als eine Kontrolle durchzuführen – einen Ist-/Soll-Abgleich. Somit machen sie ja unseren Job, nur von außen und mit einer anderen Brille, mit einem etwas anderen Blickwinkel.

Nr.	Aufgabenfeld	Kommentierung
24	Stellungnahme zu Investitionsentscheidungen, die Belange des Brandschutzes betreffen	Wir wollen, dass eine Brandmeldeanlage oder eine Besprinklerung eingebaut wird, dass Türen ausgetauscht werden usw.; das kostet 5- und 6-stellige Euro-Beträge und da müssen wir juristisch sauber Belege vorlegen, warum wir Firma A oder Produkt B bevorzugen. Direkte oder indirekte Bestechungsversuche oder Vorteilsannahmen sind jenseits dessen, was wir annehmen – auch wenn es manchmal wirklich schwerfallen sollte! Nur so bleiben wir sauber und damit für die Geschäftsführung und den Staatsanwalt unangreifbar.
25	Mitwirken bei der Implementierung von präventiven und reaktiven Maßnahmen im Notfallmanagement für kritische Infrastrukturen (z. B. Stromausfall), für lokale Wetterereignisse mit Schadenpotential (Hitze, Kälte, Sturm, Hagel, Schneelast)	Viele Unternehmen haben keine Notfallpläne und müssen diese ja auch nicht erstellen – dennoch mag es Sinn machen, aber es ist juristisch meist nicht gefordert. Und dann kommen solche wirtschaftlichen Katastrophen wie die Corona-Pandemie 2020/21, und es trifft eben nicht ein Unternehmen, nicht eine Branche, nicht ein Land. Nein, es trifft alle und dies weltweit. Und die wirtschaftlichen Auswirkungen bleiben über Jahre. Man darf sich also überlegen, ob solche theoretischen Konstrukte wirklich a) sinnvoll und b) wirksam sind.
26	Dokumentation der Tätigkeiten im Brandschutz	Die Dokumentation der Tätigkeiten ist besonders wichtig! Ob man das in einem Tagebuch handschriftlich einträgt, in der EDV verewigt oder wie auch immer. Wichtig ist und manchmal freiheitsrettend, wenn man gerichtsfest belegen kann, dass man engagiert für den Brandschutz an vorderster Front kämpft.
27	Ggf. weitere Aufgabenfelder	Es ist möglich und manchmal sinnvoll, dem Brandschutzbeauftragten weitere Aufgaben zu übertragen. Wenn man bereit, willens und fähig ist, spricht ja nichts dagegen, diese Jobs auch noch zu übernehmen.

Problematisch wird es erstens juristisch mit dem Wort „mitwirken", das immer wieder in dem Aufgabenkatalog vorkommt: Ist doch damit völlig offen, was wer zu leisten hat, bis wohin und wer dann die Verantwortung übernimmt. Mitwirken, das kann alles und nichts bedeuten. Aber wir müssen dieses Wort positiv nutzen und das bedeutet eben, dass wir als mit dem Brandschutz beauftragte Person mitwirken, aber eben nicht allein etwas durchziehen und konzipieren müssen – die Bereichsverantwortlichen haben das Zepter in der Hand. Gleiches gilt für die Wörter „beraten" und „unterstützen", da ist auch nicht klar, wie weit das geht und was das konkret bedeutet.

Problematisch wird es aber auch zweitens damit, dass mit dem Brandschutz beauftragte Personen ja in der Regel normale Menschen aus der Produktion mit Gesellen- oder Meistertitel sind – diese sind meist weder Volkswirte, noch Juristen oder Ingenieure und nur in den seltensten theoretisch angenommenen

Ausnahmefällen alles zugleich: Was will man diesen Personen denn alles auf die Schultern laden, um sich abzusichern, um „seine Ruhe" zu haben mit dem Thema Brandschutz. Soll heißen, wir sind schnell auch überfordert und müssen deshalb die Mitwirkung anderer glasklar einfordern.

Dann gibt es neben „mitwirken" auch noch öfter das Wort „beraten" in den 26 Aufgaben. Soll heißen, dass wir einen Rat geben – ob ihn andere dann umsetzen, ist ja deren Sache und da wir den Ratsuchenden wohl nicht vorgesetzt sind, sind wir auch nicht in der Lage, das disziplinarisch durchzusetzen. Also, wirken Sie mit, dass andere gut beraten sind!

9.2 Verteilung der Aufgaben

Es macht Sinn, diese mindestens 26 Aufgaben in Ruhe durchzugehen mit einem Vorgesetzten, dem Arbeitgeber oder der Personalabteilung und sich vier Punkte dabei jeweils zu überlegen:

a) Kann ich das fachlich erledigen?

b) Will ich das machen?

c) Habe ich die Zeit, das zu machen?

d) Wo, also in welchen Gebäuden bzw. Niederlassungen, soll ich das machen?

Zu a: Es ist gar nicht so abwegig wirklich offen zuzugeben, bestimmte Dinge im beruflichen und manchmal auch im privaten Leben eben nicht zu können – und das dann einzugestehen. So ist z.B. die gesamte und komplexe Thematik des Explosionsschutzes nicht in der Grundausbildung abgehandelt, und der kürzliche Versuch einer Ausbildungs-Institution, einen Explosionsschutzbeauftragten zu kreieren, ist bis jetzt gescheitert. Aber es gibt noch weitere Bereiche, wo man als „normaler" Brandschutzbeauftragter an seine Grenzen stoßen kann, z.B. wenn man nicht gut kommunizieren oder referieren kann, oder eben wenn einem grundlegend jegliches Gefühl und Fachwissen für technische Zusammenhänge fehlt; in diesen Fällen wäre es dann wirklich sinnvoll vorab sich und dem Unternehmen gegenüber einzugestehen, dass das wohl eher nicht die richtige Tätigkeit für einen sei.

Zu b: Es mag Lehrer und Ärzte geben, die in der Verwaltung besser als vor Schülern und Patienten aufgehoben wären, und umgekehrt. Oder auch Handwerker, die als Theoretiker deutlich mehr zu bieten hätten als in der Praxis. Sprich, man hat den falschen Job. Es ist natürlich ungünstig, wenn man das erst nach der entsprechen Ausbildung und Jobübernahme mitbekommt, aber sicherlich nicht zu spät, sich erneut beruflich umzuorientieren. Deshalb ist dieser Mensch jetzt nicht intelligenter oder weniger intelligent, er ist eben nur die falsche Person am falschen Platz. Ein guter Chirurg muss kein Profitennisspieler sein, ein guter Wirtschaftsführer kein guter Architekt und ein guter Kindergärtner ist vielleicht als Schlosser unfähig – und jeweils umgekehrt.

Wenn Sie einen Beruf gefunden haben, der ihnen Spaß macht, dann bleiben Sie dabei. Ich z.B. hatte als Mitarbeiter der Schaden-Fachabteilung in der Versicherung als Sachbearbeiter richtig Spaß am Beruf, während unser direkter Vorgesetzter in dieser Position mehr als unglücklich und damit auch unfähig agierte; es hätte sicherlich etwas gegeben, was ihm mehr gelegen hätte, nur seine fachliche und menschliche Unfähigkeit wurden recht spät entdeckt und das war schade für ihn und auch für mich und meine Kollegen.

Zu c: Die Zeit ist das nächste Thema, denn Sie müssen wohl zügig, aber bitte niemals hastig arbeiten. Und man braucht oft, gerade am Anfang, sehr viel Zeit und da geht eben nichts zügig voran. Man muss sich einlesen, an Sitzungen teilnehmen, viele Abgleiche vom Istzustand mit dem Sollzustand prüfen, Lösungen und Alternativen entwerfen usw. Wenn also jemand meint, Sie machen das mit dem Brandschutzbeauftragten „eben mal so nebenbei", dann können Sie die Sache eigentlich, so wie sie ist, in die Tonne treten.

Zu d: Angenommen, Ihr Unternehmen ist in Norddeutschland in den drei Städten Berlin, Bremen, Hamburg sind Niederlassungen und in Hannover liegt der Hauptsitz. Nun sind Sie also Brandschutzbeauftragter für diese auf vier Städte verteilte Gebäudekomplexe à 5–8 Gebäude. Überlegen Sie sich und zwar ernsthaft und in Ruhe, wie häufig Sie wo sein wollen bzw. müssen, wie lange Sie auf der Autobahn sein werden und wen Sie vor Ort als Ihren verlängerten Arm (Geschäftsleitung, aber auch Bereichsleiter und, ganz wichtig, die Brandschutzhelfer und die sonstigen Sicherheitsfachkräfte) haben. Sollte es mal geschneit haben im Winter, werden Sie den Termin bitte verlegen und mit dem Pkw wann anders hinfahren. Klappt das, oder gibt es da noch die Niederlassung bei Kempten, im Ruhrgebiet und bei Karlsruhe? Sind Sie der Typ, der gern unterwegs ist und haben Sie genügend Zeit, dann haben Sie Ihren Traumjob gefunden – andernfalls haben Sie vielleicht mit 48 Jahren einen schweren Autounfall, mit 55 Jahren ein Burnout und wenig später den ersten Tinnitus und sind dann mit 59 Jahren nicht mehr in der Wirtschaft zu gebrauchen und werden Frührentner. Das soll, nein das darf nicht passieren! Doch mit der Aufteilung der Aufgaben auf andere Schultern können Sie einvernehmlich mit diesen anderen Personen die Themen in den Griff bekommen.

9.3 Bestellung des Brandschutzbeauftragten

Die Anlage der Ausbildungs-Schrift DGUV Information 205-003 enthält ein Bestellungsschreiben zur Übertragung der Aufgaben; diese findet sich im Internet, hier nachfolgend wurde dieses Schreiben etwas umgestellt:

Bestellung zum/zur Brandschutzbeauftragten

M/W/D ..., nachfolgend als Auftragsnehmer (AN) bezeichnet, wird hiermit aufgrund seiner erfolgreichen Ausbildung „Brandschutzbeauftragter" für folgende Bereiche des Unternehmens ... mit Wirkung vom ... als Brandschutzbeauftragte/r bestellt. AN ist, unabhängig der sonstigen Position, in dieser Funktion unmittelbar ... unterstellt. AN wird zu allen den Brand-

> schutz betreffenden Fragestellungen des Unternehmens von den Bereichsverantwortlichen eingebunden. AN berät und unterstützt den Arbeitgeber in den Fragen des Brandschutzes.
>
> AN wird für die Erfüllung der Aufgaben die erforderliche Arbeitszeit, die benötigten Arbeitsmittel wie Raum, Arbeitsplatz und Internetzugang und die sinnvollen und nötigen Fortbildungen ermöglicht. AN ist bei der Anwendung der brandschutztechnischen Fachkunde weisungsfrei und darf wegen der Erfüllung der übertragenen Aufgaben nicht benachteiligt werden. Die jetzt konkret zu erkennenden Aufgaben lauten: ... AN ist verpflichtet, bei ihm auffallenden weiteren Aufgaben aktiv zu werden und ... darüber zu informieren. Jede Änderung dieser Tätigkeiten wird schriftlich fixiert.
>
> Unterschriften Arbeitgeber/AN, Ort, Datum: ...

Mehr ist hierzu nicht zu sagen, warum soll man das Rad denn zwei Mal erfinden? Und den o. a. Text darf man auch abschreiben, ohne Probleme zu bekommen.

9.4 Zeitlicher Aufwand

Die DGUV Information 205-003 (Fassung 11/14) zeigt ein Beispiel für die Bemessung der Einsatzzeit für Brandschutzbeauftragte, und zwar für ein Möbelhaus mit fünf Etagen à 3.000 m²; ob man damit glücklich sein kann, ob das wirklich übertragbar, sinnvoll ist, darf kritisch hinterfragt werden, wie in der rechten Spalte aufgeführt – denn wenn man nun nicht 15.000, sondern 7.500 oder 30.000 m² Fläche hat, so würde man wohl kaum mehr oder weniger Zeit benötigen; zudem sind folgende Fragen ja nicht geklärt:

- Wie viel Vorarbeit im Beruf des Brandschutzbeauftragten wurde geleistet?
- Wie viele der 26 Aufgaben sind zu übernehmen?
- Wie zügig und professionell arbeitet der Brandschutzbeauftragte?

Diese zeitliche Bemessungsgrundlage wurde übrigens in der aktuellen Fassung von 12/20 ersatzlos gestrichen. Ich habe nachfolgend in der zweiten Spalte die Aufgaben und Tätigkeiten geschrieben, in der mittleren Spalte dann die Stunden pro Jahr, die in der Informationsschrift angesetzt sind und in der rechten Spalte habe ich meine kritischen Bemerkungen dazu hingeschrieben und auch meinen gefühlten Zeitaufwand – in der Hoffnung bzw. Annahme, dass Sie diese Hinweise nachvollziehen können.

Nr.	Aufgaben und Tätigkeiten	h/a	Kritische Anmerkungen
1	Fortschreiben/Aktualisieren der Brandschutzordnung	20	Der Teil A muss praktisch nie überarbeitet werden und für die Teile B und C wird man wohl kaum mehr als 2 Stunden ansetzen können, weil auch da sich praktisch nichts verändert (2 h).
2	Mitwirkung bei brandschutztechnischen Betriebsanweisungen	15	Angenommen, es gibt 500 Angestellte und jeder wird 30 Min. unterwiesen in Gruppen à 25 Personen, dann ist, inkl. Vorbereitung die Zeit von 2 Tagen korrekt (14 h).
3	Mitwirken bei baulichen, anlagentechnischen und organisatorischen Brandschutzmaßnahmen	15	Bauliche und anlagentechnische Veränderungen gibt es ständig in größeren Unternehmen und auch in Möbelhäusern – zwei Tage erscheinen plausibel (14 h).
4	Mitwirken bei der Umsetzung von Anforderungen von Behörden und Feuerversicherungen	10	Ein Tag (8 h).
5	Mitwirken bei Neu-, An- und Umbauarbeiten, Nutzungsänderungen, Anmietungen, Beschaffungen	individuell	Auch hier könnte man einen Zeitraum von vielleicht einem Tag ansetzen (8 h).
6	Beratung bei der Auswahl der jeweils richtigen Löschmittel	5	Das wird einmal festgelegt (AB-Schaum, CO_2 für die Elektrik und ABF für die Kantine) – und dann passt das über Jahre. Neue Löschmittel wie 2001 die F-Löscher, so was gibt es eher selten und somit braucht man keine 5 Stunden pro Jahr, um über die Löschmittel und den Abgleich der ASR A2.2 mit den Gegebenheiten nachzudenken (1 h).
7	Flucht- und Rettungspläne, Feuerwehrpläne, Alarmpläne usw. aktuell halten	40	Diese Zahl (eine ganze Woche!) ist völlig überzogen. Zum einen ändert sich wohl kaum etwas im Möbelhaus, zum anderen wird es sicherlich Feuerwehr-Laufkarten geben (Die vor 10 Jahren so aktuell waren, wie sie es heute sind.), aber Feuerwehreinsatzpläne braucht ein Möbelhaus wohl eher nicht! Das fällt bei Begehungen auf, ich würde die Zahl um ca. 90 % reduzieren (3 h).
8	Räumungsübungen organisieren und durchführen	10	Passend gewählt; gerade in Geschäften sind Räumungsübungen mit besonderer Vorsicht und Überlegung anzusetzen, um vorhersehbare Probleme wie Kundendiebstähle und -verdruss möglichst zu vermeiden (10 h).

Nr.	Aufgaben und Tätigkeiten	h/a	Kritische Anmerkungen
9	Brandschutzbegehungen	35	Passend gewählt, denn man muss ja alle Bereiche regelmäßig abgehen, auch die Technik, die Müllsammelplätze usw. (35 h).
10	Brandschutzhelfer ausbilden	15	Ca. 2 Tage, passend gewählt.
11	Unterweisungen der Beschäftigten	in 10 enthalten	Das ist nicht in 10, sondern in 2 enthalten (0 h).
12	Brandschutztechnische Sicherheitskennzeichnungen kontrollieren	in 9 enthalten	Stimmt (0 h).
13	Flucht- und Rettungswege kontrollieren	in 9 enthalten	Stimmt (0 h).
14	Organisation der Prüfung der technischen Brandschutzeinrichtungen	15	Meist ist ein „normaler" Brandschutzbeauftragter fachlich nicht befähigt, Technik zu prüfen, er kann lediglich anderen den Auftrag dazu erteilen; insofern sind 15 Stunden zu hoch angesetzt (3 h).
15	Brandschutzvorgaben bei feuergefährlichen Arbeiten kontrollieren bzw. veranlassen	individuell	Kontrollieren und Veranlassen erledigen üblicherweise andere, aber die wiederum werden von den Brandschutzbeauftragten kontrolliert (2 h).
–	Subsummierung	≥ 180 + Nr. 5 + Nr. 15	Ca. 100 h inkl. Nr. 5 und Nr. 15.

Nun ist natürlich auch meine Zahl von 100 Stunden angreifbar und für den einen oder anderen zu gering oder zu hoch angesetzt, und man muss auch überlegen, dass ich seit 1986 diesen Beruf ausübe und natürlich effektiver und zugleich effizienter arbeiten kann als mir das vor 30 und mehr Jahren möglich war. Es geht schlicht nicht aufgrund der vielen weiteren Parameter (personen- und firmenabhängig), absolute Stundenvorgaben anzugeben. Ggf. kann die Zeitvorgabe um ⅔ zu hoch sein, oder um 200 % zu gering – somit hätte man eine Spanne von 30 Stunden über 100 Stunden zu 300 Stunden.

Mit der Dokumentation ist das immer eine zweischneidige Sache: Sind wir zu transparent (vgl. den Roman von G. Orwell, 1984), gleicht das einer Diktatur. Sind wir es zu wenig, weiß eigentlich keiner, was wir machen und die Frage wird erlaubt sein, ob wir überhaupt gebraucht werden.

In einer Versicherung, bei der ich angestellt war, gab es Kollegen, die im Vorbeigehen von einem Versicherungsfachwirt eine Frage mit einem „ja" oder „nein" beantwortet haben. Anschließend füllten sie 25 Minuten ein Formular aus, um zu dokumentieren, dass sie besondere Arbeit leisten und am Jahresende eben belegen zu können, dass man volle 2.134 Arbeitsstunden geleistet hat, andere so ein Verhalten nicht an den Tag legen, um in den 25 Minuten Sinnvolles zu leisten – einer will eben und muss ja der neue Chef werden (...).

10 Teilnahme an Besprechungen und Sitzungen

Brandschutzbeauftragte sind, fast schon wie Politiker, in vielen Sitzungen und Besprechungen. Manchmal mag es Sinn machen, von Anfang bis zum Schluss dabei zu sein; manchmal macht es Sinn, dass man die Themenbereiche vorzieht oder dass man eben kurzfristig vom Arbeitsplatz weggerufen wird, um dazu zu stoßen. Wir müssen uns einbringen, denn wer außer uns weiß so viel über Brandschutz und da wollen und müssen wir natürlich mitreden!

10.1 ASA-Sitzungen

ASA bedeutet Arbeitsschutz-Ausschuss-Sitzung; wie es der Name schon sagt, geht es um Arbeitsschutz, und der Brandschutz ist davon je ein Teil, bzw. angrenzend. Es wird also natürlich auch über Brandschutz gesprochen, denn es gibt ja keine BSA (Brandschutz-Ausschutzsitzung). Wir haben Punkte wie Schulungstermine, Handfeuerlöscher-Konzept, Begehungen, Mängelberichte, aufgekeilte Brandschutztüren, verstellte Treppenräume usw., die wir hier einbringen wollen und werden. Und dann auch bei der ASA-Sitzung darüber berichten und zeitliche Vorstellungen verkünden.

Dabei ist, wie schon mehrfach geschrieben, die Fachkraft für Arbeitssicherheit unser wichtiger Partner und niemals unser Gegner – das muss fachlich und menschlich einfach laufen zwischen Ihnen beiden und ich verspreche Ihnen, wo ein Wille ist, ist eben auch ein Weg.

10.2 Baubesprechungen

Hier wird es eher Probleme geben, denn bei Baubesprechungen gibt es immer einen leitenden Architekten oder Bauingenieur, und dieser hat so seine festen Vorstellungen, und von einem nichtstudierten Brandschutzbeauftragten lassen sich solche Leute oft ebenso ungern etwas sagen wie von einem studierten Brandschutzingenieur. Brandschutz ist auch nicht deren Steckenpferd, sondern eher hinderlich. Wichtig für diese Personengruppe sind Kosten, Arbeitsabläufe und Zeiteinsparung, und dass das wichtig ist, wird ja auch nicht bestritten. Aber es ist eben auch wichtig, den Brandschutz a) richtig zu planen und b) richtig umzusetzen. Was nun „richtig“ ist, darüber darf es natürlich unterschiedliche Meinungen geben. Die Bauordnungen erlauben meist brennbare Baustoffe (sogar normalentflammbare) ebenso wie nichtbrennbare und dies gilt insbesondere für die Dämmstoffe. Nun sind die brennbaren Dämmstoffe eben preiswerter in der Anschaffung und weniger zeitintensiv im Anbringen und sie dämmen auch noch etwas besser als ebenso dicke nichtbrennbare Dämmstoffe. Klar, welche ein Architekt wählen wird – er darf es ja, es ist nicht verboten! Aber wir stellen uns hier quer und versuchen, die langlebigen, guten, sicheren nichtbrennbaren Dämmstoffe eingebaut zu bekommen, bitte schaffen Sie das!

Bei Neubauvorhaben wird es meist einmal in der Woche einen festen Jour-fix geben, bei dem wir dann teilnehmen werden; darüber hinaus wird es weitere Termine geben und in dieser Phase werden wir eben mehr Zeit und Nerven investieren.

10.3 Umgestaltungen

Bei Umgestaltungen werden wir häufiger und oft auch effektiver eingreifen können und auch müssen. Denn Umgestaltungen finden sehr häufig „im Verborgenen" statt, d. h. da werden keine Externen, keine Behörden eingebunden. Doch gerade hier und gerade deshalb sind sie manchmal so gefährlich, denn Versicherungen können andersartige Nutzungen und deren Gefahrenerhöhungen verwenden, um Zahlungen nach Schäden zu verweigern – doch dazu im nächsten Unterkapitel mehr.

Wir müssen wirklich vorsichtig sein, denn manche Umgestaltungen sind bandschutzrelevant, andere sind baurechtlich bedenklich und wieder andere sind versicherungsrechtlich anzeigepflichtig. Allein das Verstellen einer Anlage, das Aufstellen eines Regals oder die Installation einer neuen Klimaanlage kann Probleme mit sich bringen; Beispiele:

- Sprinkleranlage deckt nicht mehr alles sicher ab.
- Brandmelder werden verdeckt.
- Handfeuerlöscher ist nicht mehr leicht ersichtlich oder erreichbar.
- Fluchtweg wird zu lang.
- Fluchtweg wird zu verwinkelt.
- Brandgefahr wir erhöht.
- Neue eingesetzte Arbeitsmittel erhöhen die Brandgefahr.
- Neu eingesetzte Arbeitsmittel erhöhen die Zündquellen quantitativ und qualitativ.
- Regal behindert Brandschutzvorhang.

Also, wenn umgestaltet wird, dann holt man uns Brandschützer bitte dazu, wir bringen uns konstruktiv ein. Das bedeutet, wir sagen, warum dieser Baustoff, diese Hallenaufteilung oder dieser Standort optimal sicher oder eben verbesserungswürdig ist.

10.4 Versicherungen

Versicherungen haben besondere Aufgaben und Sichtweisen, die Personen von außerhalb leider oft verborgen bleiben. Dabei ist es eine recht einfache Sache, wie so vieles im Leben: Versicherungen haben bestimmte Vorstellungen, was an Sicherheitstechnik umgesetzt sein muss und unter diesen Voraussetzungen übernehmen sie dann unter streng definierten Randbedingungen (Versicherungsvertrag, dessen Klauseln, Obliegenheiten) die Verpflichtung, Kosten nach Brandschäden zu übernehmen. Dabei geht deren Kalkulation davon aus, dass es vielleicht in 800 Jahren einmal zu einem Großbrand kommt und alle wenige

Jahre auch kleinere Schäden eintreten. Wenn dann aber zwei oder gar mehrere Großschäden eintreten, so ist die Kalkulation – ehrlich! – auf einige 1.000 Jahre über den Haufen geworfen und somit wird man schnell und für immer unattraktiv für Versicherungen. Man tut sich also als Brandschutzbeauftragter und damit seinem Unternehmen einen großen Gefallen, den Kontakt mit Versicherungen zu hegen und zu pflegen und offen und ehrlich, direkt und ganz konkret miteinander zu sprechen. Und man muss als Brandschutzbeauftragter im Hinterkopf haben, dass Versicherungen ja primär eigene Interessen vertreten und uns als einen von vielen Kunden haben – Versicherungen leben davon recht gut, dass sie a) extrem viele Immobilien besitzen (das spült oft mehr Geld in deren Kassen als die Prämien) und b) sehr selten von den vielen versicherten Unternehmen Brände gemeldet werden.

Versetzen Sie sich in den Gesprächspartner Ihnen gegenüber – jetzt in die Rolle des Versicherungsingenieurs. Eher mäßig bezahlt, kaum Karrierechance als Ingenieur in einer Versicherung und sein Chef beurteilt ihn a) wie viele Kunden berät er, b) wie selten bzw. häufig brennt es bei denen und c) wie viele Kunden beschweren sich über ihn („Der verlangt zu viel!"). Also ist der natürlich daran interessiert, dass Sie mit ihm zurechtkommen (Punkt c), und wie Sie will er keinen Brand in Ihrem Unternehmen (Punkt b). Nun hat er aber schon 100 und mehr Unternehmen beraten, auch wenn er deutlich jünger ist als Sie – er ist Ihnen fachlich aufgrund dieser Erfahrung überlegen. Er kennt auch Statistiken, Schutzmaßnahmen und er kann Ihnen richtig gut zur Hand gehen. Nutzen Sie das aus, das ist – vor einem Brand – vielleicht Ihr ehrlichster und fähigster Partner!

11 Wichtige Kontakte

Kontakte, Beziehungen oder wie man früher in der sowjetisch besetzten Zone Deutschlands sagte „Seilschaften" sind so wichtig im beruflichen und manchmal auch im privaten Leben. Dabei soll das bloß keinen negativen Touch haben, jedenfalls darf das nicht so umgesetzt werden. Kontakte können natürlich positiv wie negativ verwendet werden, so wie man auch ein Messer für Brotschneiden oder eben zum Morden verwenden kann. Kontakte für Brandschutzbeauftragte (gerade im Anfang des beruflichen Werdegangs) sind so wichtig wie Sauerstoff für Lebewesen zum schlichten Überleben. Da Vertrauen die Grundlage unseres menschlichen Zusammenlebens ist, bauen wir also Kontakte auf zu lebens- und berufserfahreneren Personen (Was würde uns ein anderer Neuling denn helfen können?), um von deren Wissen zu profitieren. Das ist dann meist nur eine Sache von Monaten und Jahren, um so viel „Fleisch ans Skelett" zu bekommen, dass wir uns zunehmend auf uns selbst verlassen können – um dann festzustellen, dass wir auch nach 30 und mehr Berufsjahren immer noch die Hilfestellung anderer benötigen. So hat eben jeder sein Fachgebiet, auch der Brandschutz ist mittlerweile viel zu breit aufgebaut, um wirklich auch nur annähernd in mehr als einigen wenigen Teilbereichen etwas Tiefgang nachweisen zu können.

11.1 Kontakte herstellen und aufbauen

Wir suchen also Kontakte, firmenintern, zu ehemaligen Kollegen, zu verschiedenen Fachfirmen und zu Institutionen wie Berufsgenossenschaft, Gewerbeaufsicht, Feuerwehr, Feuerversicherung(en), Versicherungsmakler und ggf. auch zu unseren Ausbildern bei den Fachakademien. Mal eine E-Mail mit Frage, mal ein persönlicher Besuch oder das Einladen ins Unternehmen – und dann geht es um ganz konkrete Punkte, die geklärt werden sollen. Bei Fachfirmen ist natürlich von Anfang an klar, dass diese ihre Produkte verkaufen wollen bzw. müssen und dass die keine umfangreiche Beratung anbieten können, ohne dies in Rechnung zu stellen. Bei Behörden ist verständlich, dass diese ihren speziellen, manchmal zu engen Blickwinkel haben und über Versicherungsrecht nicht wenig, sondern überhaupt keine Ahnung haben. Und Versicherungsingenieure werden nicht wie die Vertreter der Berufsgenossenschaften den Menschen, sondern den Sachwert oder den immateriellen Schaden (also die Betriebsunterbrechung) im Vordergrund sehen. Also halten wir zu allen den Kontakt, denn nur so entsteht ein souveränes Bild.

11.2 Mitglied in Verbänden werden?

Überlegen Sie sich vorab, in welchem Verein, in welchem Verband Sie Mitglied werden wollen, sollen oder gar müssen. Als Beratender Ingenieur kommen Sie wohl nicht daran vorbei, in der Landes-Ingenieurekammer Mitglied zu werden – außer eine Verpflichtung, in deren Altenversorgung einzubezahlen werden Sie von denen nie was hören, und ggf. bekommen Sie Seminarangebote, die in Richtung „Brandschutz“ eher als dürftig eingestuft werden können. Bei der Berufsgenossenschaft sind Sie Pflichtmitglied und dort werden (meist kostenfrei) Kurse angeboten, die allerdings auch eher als bedeutungslos für einen Brandschutzbeauftragten eingestuft werden und somit nichts bringen – außer vielleicht Kontakte zur BG und zu anderen Mitglieds-Personen sowie schöne Veranstaltungs-Orte in alten Schlössern mit beeindruckenden Spa-Bereichen und hervorragendem Essen.

Man kann z. B. in den vfdb eintreten, dann bekommt man deren Mitglieds-Zeitschrift und die ist für einige sicherlich sehr gut; allerdings bringt diese Zeitschrift – sorry, liebe Kollegen – für den Brandschutzbeauftragten eher wenig, aber das ist ja auch nicht deren Zielgruppe; dafür mag sie Wissenschaftlern und bestimmten Fachfirmen etwas bringen. Das gleiche gilt für das Feuertrutz-Magazin, das sicherlich seine Berechtigung und seinen Stellplatz gefunden hat, aber das dem Brandschutzbeauftragten auch nicht als alleiniges Informationsblatt ausreichen sollte.

Es gibt eine relativ neue Zeitschrift für Brandschutzbeauftragte, aber die kann man beziehen, ohne Mitglied zu werden. Ein Verband für Brandschutzbeauftragte wäre dann sinnvoll, wenn dieser regelmäßig Informationen für Brandschutzbeauftragte heraus bringen würde, aber auch so was gibt es leider nicht in Deutschland. Also, bauen Sie sich Ihr eigenes Netzwerk auf, und das wird Ihnen gelingen. Man kann ja auch mal wieder eine LBS abbestellen oder aus einem Verband austreten.

11.3 Interne Kontakte

Firmenintern ist es wichtig, dass die Belegschaft von uns weiß und zwar möglichst alle: Also Angestellte und Vorgesetzte und der Geschäftsführer oder der Vorstand soll (nein: muss) einmal im Jahr mitbekommen, was wir erarbeitet haben, welche Ziele und Probleme und Aufgaben hinter und vor uns liegen. Wir stellen uns also z. B. bei Betriebsversammlungen oder persönlich oder auch über Aushänge, Besuche und Besprechungen vor und was unsere Aufgaben sind, wofür wir da sind – sprich warum es uns gibt und wann andere auf uns zukommen wollen, sollen und müssen. Brandschutzbeauftragte, die gern in ihrem Schneckenhäuschen sitzen, haben sich den falschen Beruf ausgesucht.

11.3.1 Vorgesetzte, Geschäftsleitung

Die Geschäftsleitung hat uns ja berufen, denen müssen wir uns wohl nicht mehr vorstellen. Wenn „nein“, so spricht nichts dagegen, dass Sie um einen kurzen Termin bitten, um sich vorzustellen und Ihre Wünsche und Erwartungen zu artikulieren – aber wohl erst, nachdem uns die Geschäftsleitung kurz erläutert hat, was sie von uns und dieser Funktion erwartet. Versetzen Sie sich in den Chef, der will Probleme delegiert haben und gelöst sehen und möglichst nie mit uns zu tun haben. „Brandschutz muss laufen“, denn „die da oben“ haben ja scheinbar (scheinbar, nicht anscheinend – bitte den Unterschied dieser beiden

Wörter googeln, so unbekannt!) Wichtigeres zu tun, Wichtigeres zu entscheiden.

11.3.2 Betriebsrat

Viele Betriebsräte sind besonders wertvolle Menschen, die sich für andere einsetzen; einige wenige nutzen die ihnen gegebene Macht (wie Politiker, Bankenchefs, Richter usw.) auf unanständige Art und Weise aus – aber die kann man ja abwählen. Also, Betriebsräte sind unsere Partner und sie sind stark, mächtig. Sie sind dafür da, um die Belegschaft zu vertreten, zu schützen, zu unterstützen. Dies mag Gehaltserhöhungen und Mobbingberatung betreffen, aber auch den Arbeits- und Brandschutz. Und wenn die Geschäftsleitung eben die Zahlungsfreigabe für die Sprinklerwartung oder die Raumbereitstellung für die Schulung nicht bewilligt, dann geht das oft innerhalb von Minuten, wenn der Herr Betriebsrat oder die Frau Betriebsrätin einmal „zart" nachfragt. Sehen Sie sie also als unsere starken Partner, die wir leider manchmal brauchen; „leider", weil es schade ist, dass manche Chefs nicht reagieren, bevor es ernst wird. Aber darin unterscheiden sie sich dann auch nicht von einem guten Teil der Belegschaft.

11.3.3 Fachkraft für Arbeitssicherheit

Das wird unsere Haupt-Bezugsperson, denn Arbeitsschutz und Brandschutz hängen so eng zusammen, dass man sie eigentlich nicht trennen sollte bzw. darf. Gerade Begehungen und Schulungen sollten wir gemeinsam machen, auch um mehr Akzeptanz bei der Belegschaft zu bekommen. Doch auch bei den Bereichsleitern – die ja objektiv viel um die Ohren haben – ist es wichtig, diesen zu zeigen, dass wir gemeinsam effektiv und effizient arbeiten; soll heißen, dass ca. 25 % der Fragen von der Sicherheitsfachkraft mit unseren Fragen identisch sind und wenn am Montag Person A Begehungen mit denen durchführt und die Woche drauf Person B wieder Zeit benötigt und teilweise die gleichen Fragen stellt, so stößt das verständlicherweise negativ auf. Vermeiden Sie solche Situationen, und es entsteht eben keine negative Stimmung, sondern eine professionell-positive. Also: Ziel erreicht!

11.3.4 Belegschaft

Die Belegschaft soll und muss merken, dass wir a) existent sind, b) Ahnung haben und c) uns für sie einsetzen. So kommt der Brandschutz an, so kommen wir an. Das geht nicht wie ein Strohfeuer, das wäre schnell erloschen. Das geht über Wochen und Monate und nach Jahren ist es allen klar, dass es uns gibt und dass wir bei allen Bereichen des täglichen Brandschutzes Ahnung haben, helfen können und unterstützend eingreifen. Insbesondere durch unsere Schulungen bekommt die gesamte Belegschaft mit, dass der Brandschutz ein eigener Fachbereich im Unternehmen ist und was das konkret für den Einzelnen bedeutet. Das ist auch einer der Gründe, warum die Schulungen so richtig gut sein müssen, denn kaum eine andere Person bzw. Institution hat die Möglichkeit, sich so zu präsentieren.

11.4 Externe Kontakte

Die externen Kontakte sind für unsere eigene Fort- bzw. Weiterbildung von größter Bedeutung. Welcher Schulungsanbieter gute Kurse anbietet, das wird Ihnen niemand so ehrlich sagen wie ehemalige Ausbildungs-Kollegen, mit denen Sie ggf. eine eigene WhatsApp-Gruppe haben. Externe Kontakte sind auch schon deshalb so wichtig, weil es sonst zu Betriebsblindheit und – wie bei bestimmten Adelskreisen früher – zu Verdummung und Dekadenz kommt.

11.4.1 Baubehörde

Die Feuerwehr, das Bauamt, das Landratsamt, der Kreisbrandrat oder auch Kreisbrandmeister – mit mindestens einer dieser Person oder Institution werden Sie zu tun bekommen. Dabei gibt es leider eine große Diskrepanz an befähigten und weniger befähigten Personen und auch Behörden deutschlandweit im Brandschutz: In Großstädten werden Sie primär mit fähigen Leuten zu tun haben, aber auch da gibt es Ideologen oder solche, denen Ruhe und die bevorstehende Pension wichtiger sind als Problem zu lösen; die werden Probleme also verschieben, verlagern oder anderen zuschanzen. Andere Beamte wiederum vermehren gern ihre Aufgabenbereiche und erheben die eigene Bedeutungslosigkeit dadurch, indem sie absichtlich Probleme bereiten, Unterschriften verzögern oder unsinnige Dinge fordern – die kosten, aber nicht effizient sind. Beispiele dafür würden Bücher füllen. Ärgerlich, aber an denen kommt man oft nicht vorbei, oder man muss den Weg über Anwalt oder Vorgesetzte gehen. Bleibt zu hoffen, dass es danach besser wird, aber zu befürchten ist, dass eher das Gegenteil der Fall sein wird.

Meist jedoch sind es fähige Ingenieure, denen die üblichen Probleme von Unternehmen bekannt sind und die auch wissen, dass ihr Gehalt daher kommt, dass die Wirtschaft etwas leistet und auch deren Verwaltung eben keinen Selbstzweck darstellt. Und diese Leute sind unsere Partner, sie helfen uns, bringen Unterstützung und haben, vergleichbar dem Betriebsrat, die Macht, bei der Geschäftsleitung etwas zu bewegen.

11.4.2 Feuerwehr

Am Land die Freiwilligen Wehren, in Städten ab ca. 100.000 Einwohner die Berufsfeuerwehren – das sind die Institutionen, die uns weiterhelfen. Feuerwehrleute sind großartige Fachkollegen, aber sie haben oftmals verständlicherweise eine sehr einseitige Betrachtungsweise der Thematik Brandschutz; werden sie doch u. a. dafür bezahlt, brennende Gebäude zu löschen. Von 100 Gebäuden, die sie kennen, haben also 100 gebrannt. Betreten diese ein Haus, überlegen sie schon, wo und warum es dort brennen wird und wie sie dann strategisch vorgehen werden bzw. würden. Das ist ja auch gut und richtig und verhilft uns, präventiv etwas anders, besser, richtiger anzugehen. Aber die Wahrscheinlichkeit ist natürlich nicht so groß, dass es hier mal brennt und Brandschutz ist zwar für Feuerwehrleute 100 %, aber eben nicht für Unternehmen. Eine Wertung, Wichtung ist deshalb für beide Seiten von großer Bedeutung und muss stattfinden.

11.4.3 Berufsgenossenschaft und Gewerbeaufsicht

Die Gewerbeaufsicht ist in Richtung Brandschutz selten der Ansprechpartner und noch seltener die echte Hilfe, und man darf darüber deutschlandweit diskutieren, warum man solche grundlegend richtigen und wichtigen Institutionen nicht zusammenlegt. Dann sollte man bitte auch gleich darüber diskutieren, warum Baurecht Länderrecht ist und nicht in nationales Recht und ggf. einmal in Europarecht übergehen soll. Das wäre alles sinnvoll, konstruktiv und würde die Kosten für Unternehmen und damit für in Deutschland produzierte Güter deutlich reduzieren, aber genau daran scheitern solche gut gemeinten Ansätze – zu viel profitieren heute noch davon, dass es teuer ist und teurer wird. Die Berufsgenossenschaft indes ist schon deutlich mehr der sinnvolle Partner für Brandschutzbeauftragte als die Gewerbeaufsicht – aber sie hat berechtigter Weise den Personenschutz und somit den Arbeitsschutz im Fokus und oftmals weniger den Brandschutz.

11.4.4 Versicherungen

Meistens besteht der Kontakt zu einem Versicherer über einen firmenfreien Makler und dort gibt es Kaufleute für die vertraglichen Dinge und Techniker bzw. Ingenieure für die sicherheitstechnische Betreuung. Die zuletzt genannte Gruppe ist meistens, jedoch nicht immer unser Ansprechpartner – nutzen Sie die immense Fachkompetenz, die dort vorhanden ist. Diese Leute wollen, dass es bei Unternehmen nicht brennt, denn dann haben sie einen guten Job gemacht und Sie übrigens auch.

11.4.5 Kollegen

In großen Konzernen wird es natürlich Abteilungen geben und der Neuanfänger im Brandschutz wird an die Hand genommen und Sachwissen vermittelt. Wer jedoch in kleinen Firmen als Einzelkämpfer den Brandschutz umsetzen soll, der bekommt hausintern wohl kaum Hilfestellung und hat es definitiv schwerer! Nutzen Sie das Wissen von der Belegschaft, da sind sicher welche bei einer Freiwilligen Wehr oder haben eine Versicherungsausbildung hinter sich, und mal in der Kantine bei einem Mittagessen sich mit diesen Leuten austauschen, das kann richtig gut werden!

11.4.6 Firmen, die sicherheitstechnische Produkte oder Dienstleistungen bieten

Da darf man mit Informationen rechnen, soll aber natürlich schon so sattelfest sein, dass einem klar ist, aus welcher Ecke diese Informationen kommen: Sicherlich sind viele dieser Brandschutz-Informationen gut, aber eben sehr einseitig – es ist kein Produktflyer bekannt, der objektiv die Vor- und Nachteile von Produkten auflistet oder gar Alternativen dazu. Insofern muss einem klar sein, analog einer politischen Druckschrift, dass man solche Schriften mit wirklich viel Vorsicht durchgeht und als Information, aber nicht als primäre Bezugsquelle heranzieht. Gleiches gilt für die Aussagen der Vertriebsingenieure.

12 Wichtig: Dokumentation der Tätigkeiten

Aus verschiedenen Gründen macht es Sinn, gerichtsfest seine Arbeitszeiten und damit auch die Arbeits-Aktivitäten zu dokumentieren. Ob man diese Aufzeichnungen grundlegend anderen im Unternehmen zugänglich macht, soll man sich bitte vorab überlegen – wahrscheinlich ist es eher nicht zu raten, da unüblich und auch aus datenschutzrechtlichen Gründen nicht empfehlenswert. Aber eine Checkliste oder Themen-Zeit-Graphik mit den vielleicht 20 Punkten (oder auch 26), die der Brandschutzbeauftragter abarbeiten will in einem Jahr mit Vermerken, wo man steht, macht sicherlich Sinn. Und dann die Punkte, die sich wöchentlich, monatlich oder jährlich überarbeitet sehen wollen und die, die erst mal abgehandelt sind.

12.1 Brandschutz-Tagebuch

Ein Tagebuch ist etwas sehr Persönliches. Es ist bitte – wie das Tagebuch eines jungen Mädchens – ein Buch mit Linien oder Karos, bei dem die Seiten nummeriert sind und nicht einzeln herausnehmbar (Nur die Diddl-Maus sollte vorn bei Ihnen nicht drauf sein.). Das Format kann DIN A4 sein, aber wahrscheinlich wird sich DIN A 5 eher bewähren, weil handlicher und man muss ja keine großen Aufsätze reinschreiben, sondern wichtige Kurznotizen. Diese schreibt man mit Kugelschreiber, Füller oder Faserstift, nicht aber mir entfernbaren Bleistiften – und jedes Mal persönlich, Fremde schreiben nicht hinein; begründete Ausnahmen (etwa eine Skizze anfertigen oder eine Aussage unterschreiben) darf es natürlich geben. Dieses Tagebuch wird immer dann, wenn wir was eintragen, eine Überschrift bekommen mit dem tagesaktuellen Datum, ggf. auch der Uhrzeit. Eine Unterschrift wird aufgrund der Tatsache, dass wir handschriftlich eintragen, nicht nötig sein. Man kann seitlich rechts ca. 25 % des jeweiligen Blatts mit einem vertikalen Strich abtrennen, um zu verschiedenen Punkten später dort auf dem freien Feld noch Notizen anzubringen, etwa „erledigt" oder „wurde an Person x weitergegeben" usw.

So ein Tagebuch hat auch den Vorteil, dass man über Vorgänge, die man ja vergessen kann und die später noch wichtig werden, nachträglich und sicher Stellung nehmen kann. Die Texte im Buch sind kurze Texte, ggf. Auflistungen und stichpunktartige Dinge wie z. B. die Kurzzusammenfassung der ASA-Ergebnisse, die Kritikpunkte der Begehung oder die Aussagen einer Person.

12.2 Jahresbericht

Der Jahresbericht des Brandschutzbeauftragten muss für den Vorstand bzw. die Geschäftsführung erstellt werden. Darin steht von uns geschrieben objektiv und ehrlich, was anstand, was für Probleme gelöst und wie sie gelöst wurden und die Aussicht für das nächste Jahr. Ob das dann von „denen da oben" gelesen wird oder nicht, liegt außerhalb unseres Handlungsspielraums.

12.3 ASA-Protokolle

Die ASA-Protokolle werden vom Schriftführer erstellt und da wir uns vorab informieren, welche Themen anstehen, und da wir unsere brandschutztechnischen Themen dort vorab einbringen, müssen wir jetzt nicht doppelte Buchhaltung machen – soll heißen, dass wir keine eigenen Notizen erstellen müssen, wenn wir auf die ASA-Protokolle verweisen können.

13 Checklisten für Begehungen

Checklisten sind nicht schlecht für den, der noch nicht so ganz sattelfest ist und der, der es ist und sich als Profi bezeichnen will, benutzt sie ebenso. Es ist ja nicht sinnvoll, möglichst viel auswendig zu lernen, sondern man muss seine Arbeit möglichst gut erledigen. Und je mehr man den Kopf frei hat, umso besser ist es! Ich liefere Ihnen eine sicherlich nicht komplette Liste mit Fragen, die Sie sich mal stellen, und ich bitte Sie um folgendes: Verbessern Sie dies, ergänzen Sie die Liste, streichen Sie, stellen Sie um, fassen Sie die Unterkapitel zusammen, erstellen Sie für die Kantine eine andere als für die EDV usw. – dann wird es Ihre Checkliste und die ist dann optimal gut. Versprochen!

13.1 Aufgabenliste des neuen Brandschutzbeauftragten

In dem Buch haben Sie eine Menge gelesen, was Sie anzugehen haben und Sie haben auch Hinweise gefunden, wie das sinnvoll anzugehen ist. Hier nachfolgend soll es eine kurze Checkliste von völlig unterschiedlichen Punkten geben, die Sie früher oder später anzugehen haben. Nach 3 Monaten wird noch nicht vieles davon umgesetzt sein, aber nach 3 Jahren sollten die wesentlichen Punkte abgearbeitet sein und zur Routine gehören:

- Brandschutztechnische Bestandsaufnahme vornehmen: Wie ist es und dann der Abgleich, wie soll es sein?
- Mängel, Abweichungen dokumentieren und werten.
- Lösungswege entwerfen.
- Zeitplan aufstellen.
- Sich der Belegschaft als Kontaktperson für alle brandschutztechnischen Fragen bekannt machen.
- Geschäftsleitung und Führungspersonen kennen lernen, sich als Partner vorstellen.
- Sich überlegen, an welchen regelmäßigen Sitzungen man teilnehmen muss oder soll(te).
- Betriebsräte kennenlernen.
- Feuer-Versicherungs-Angestellte kennenlernen.
- Brandschutzordnung(en) aktualisieren und individualisieren.
- Fachliteratur (Bücher, ggf. auch Loseblattwerke) sammeln und – wichtig! – auch lesen.
- Fachzeitschriften ordern.
- Arbeitsplatz (mit Internet) individuell einrichten.
- Wartungsfirmen checken: Sind diese fair, ehrlich, zuverlässig und fähig?
- Zusammenarbeit mit anderen Fachkräften (Umweltschutz, Abfall, Arbeitsschutz) suchen.

- Die Verfahrenstechnik und Betriebsabläufe kennen, verstehen und brandschutztechnisch werten können.
- Vorhandene Betriebsanweisungen um den Punkt „Brandschutz" (und zwar präventiv und kurativ) ergänzen.
- Handfeuerlöscher und deren Löschmittel quantitativ und qualitativ prüfen, bewerten und ggf. ergänzen.
- Alle Fluchtwege kennen und regelmäßig prüfen.
- Unterlagen vom Vorgänger einsehen, sichten, ordnen.
- Behördenberichte kennen.
- Brandschutzhelfer kennen, ausbilden und wissen, dass in den einzelnen Bereichen auch sicher mindestens 5 % vorhanden sind.
- Lager brennbarer Flüssigkeiten checken und optimal absichern (baulich, anlagentechnisch, organisatorisch).
- Lagerung der Gasflaschen (egal ob brennbar, nichtbrennbar oder brandfördernd) optimieren und ggf. minimieren – eventuell verlegen.
- Schweißerlaubnisschein kennen, haben, umsetzen und auch aufheben.
- Katastrophenüberlegungen bei vorhersehbaren Störungen festlegen.
- Und als letzten, ggf. wichtigsten Punkte folgender: An manchen Stellen auch dann aktiv werden, wenn noch nie etwas passiert ist!

13.2 Brandursachen

Wir müssen uns in jedem Bereich individuell überlegen, was hier die primären Brandursachen sein könnten: Brandstiftung, Selbstentzündung, Verfahrenstechnik, zugestellte Lüftungsöffnungen usw. Die nachfolgenden Punkte mögen dabei behilflich sein, weitere Ursachen aufzufinden:

- Entsprechen die mobilen und immobilen elektrischen Anlagen den gesetzlichen Vorgaben (VDE)?
- Werden alle mobilen und immobilen Anlagen und Gerätschaften regelmäßig gewartet (VdS 3602, DGUV Vorschrift 3)?
- Werden Mängel umgehend gemeldet und beseitigt?
- Gibt es eine (effektive) Regelung für private Elektrogeräte?
- Gibt es Arbeitsanweisungen, wer wann welche Geräte bedienen darf?
- Gibt es Arbeitsanweisungen für das Verhalten nach Beendigung der Arbeit?
- Sind Zu- und Abluftöffnungen sicher freigehalten?
- Werden bestimmte Geräte nur unter Aufsicht betrieben?
- Sind in EX-Bereichen keine nicht EX-geschützten Geräte, Anlagen und Schalter?
- Ist das Reinigungspersonal entsprechend unterwiesen?
- Gibt es einen qualifizierten Betriebs-Elektriker?

- Gibt es für bestimmte Bereiche einen Haupt-Strom-aus-Schalter und wenn „ja", werden dadurch sicherheitstechnische Einrichtungen nicht abgeschaltet?
- Gibt es aktuelle FI-Schalter für möglichst alle Bereiche (30 mA, nicht 500 mA)?
- Sind Brandschutzschalter nachträglich realisiert worden?
- Sind Motorschutzschalter vorhanden und funktionsfähig?
- Ist die Erdung vorhanden und korrekt geprüft?
- Werden gefährliche elektrostatische Aufladungen effektiv und permanent abgeleitet?
- Wird das Rauchverbot ausgeschildert und eingehalten?
- Gibt es in den EX-gefährlichen Bereiche besondere Vorsorgemaßnahmen und sind diese eingehalten und effektiv?
- Gibt es „menschenwürdige" Raucherbereiche und Regelungen hierfür?
- Gibt es einen guten, informativen „Erlaubnisschein für feuergefährliche Arbeiten"?
- Gibt es für unterschiedliche Materialien jeweils geeignete Abfallbehälter (Batterien, ölgetränkte Lumpen ...) und erfolgt die Entsorgung und Lagerung sicher?
- Ist die Belegschaft ausreichend über präventiven und kurativen Brandschutz informiert?
- Gibt es ausreichend viele Brandschutzhelfer?
- Wird für auslaufendes Öl ein geeignetes (nichtbrennbares) Bindemittel gestellt?
- Ist die Belegschaft über mögliche Selbstentzündungsgefahren informiert?
- Sind die Transporte von gefährlichen Stoffen ausreichend sicher?
- Geht man mit flüssigen brennbaren Abfallstoffen korrekt um?
- Werden Filter ausreichend häufig kontrolliert, gereinigt oder ausgetauscht?
- Sind Gebäudeblitzschutz, Potentialausgleich, Grob-, Mittel- und ggf. auch Feinschutz vorhanden und funktionsfähig?

13.3 Branderkennung

Brände müssen frühzeitig erkannt werden, so der Brandschaden minimal bleiben soll. Arbeitsbereiche, in denen 24/7 gearbeitet wird, benötigen demnach eigentlich keine automatischen Brandmelder – solche Bereiche, wo a) selten Personen anwesend sind b) dennoch Brandgefahren bestehen, umso mehr. Die nachfolgenden Fragen und Punkte mögen dazu helfen, sich je Bereich eine fachlich fundierte Meinung zu bilden:

- Gibt es eine effektive automatische Branderkennung?
- Sind Ursachen für vorhersehbare Fehlalarme bekannt und effektiv minimiert?

- Meldet die BMA bei der Feuerwehr und auch in den Räumlichkeiten?
- Weiß die Belegschaft, wie im Brandfall zu reagieren ist (Löschen, schützen, retten)?
- Gibt es verbindliche und nachvollziehbare Begehungen für nicht ständig besetzte Bereiche?
- Sind bestimmte Bereiche nur besonders berechtigten Personen zugänglich?
- Weiß jeder in der Belegschaft, wie man gerade entstehende Brände löscht, deren Folgeschäden minimiert und andere Bereiche/Gerätschaften vor Hitze, Rauch und Flammen schützt (Schadenminderungsmaßnahmen)?
- Gibt es einen aktuellen Alarmplan (welcher Entscheidungsträger im Schadenfall umgehend und wo erreichbar ist)?
- Sind alle vor Aufnahme der Tätigkeit über diese und andere Maßnahmen informiert?
- Ist für Branderkennung bzw. Schadenminderung außerhalb der Arbeitszeit gesorgt?

13.4 Betriebseinrichtungen

Von Betriebseinrichtungen gehen fast immer Brandgefahren aus. Wissen wir das nicht, so fragen wir Feuerwehrleute, Versicherungsingenieure oder aber hausinterne Verfahrenstechniker. Die nachfolgenden Punkte und Fragen verhelfen dazu, sich eine eigene Meinung zur Brandgefahr durch Betriebseinrichtungen zu bilden:

- Kann man bei Ausfall eines Trafos schnell umschalten?
- Kann ein Trafobrand die sonstigen Bereiche nicht beschädigen?
- Sind Trafobereiche gut abgesichert?
- Gibt es eine Notstromversorgung (USV und/oder NEA)?
- Sind elektrotechnische Betriebsräume entsprechend deren Bauordnung ausgelegt?
- Gibt es keine Dampfversorgung und wenn doch, ist diese sicher bzw. gesichert, kontrolliert und redundant?
- Sind redundante Technikanlagen in anderen Räumen untergebracht?
- Gibt es Kontakte zu Lieferfirmen, ggf. kurzfristig zu helfen und zu liefern?
- Sind Technikbereiche räumlich oder baulich getrennt?
- Sind die Technikbereiche technisch überwacht oder abgesichert (BMA, BLA, EMA)?
- Sind aktuelle Daten elektronisch anderswo gespeichert und stehen sie dann kurzfristig zur Verfügung?

13.5 Gefahrenerhöhungen

Gefahrenerhöhungen sind hoch gefährlich, sicherheitstechnisch und juristisch. Zum einen müssen wir diese als solche erkennen, um die Belegschaft entsprechend auszuwählen und zu instruieren und zum anderen sind diese lt. Versicherungsvertragsgesetz anzeigepflichtig. Die nachfolgenden Punkte sollen helfen, Gefahrenerhöhungen zu erkennen, um jetzt die richtigen Schritte her- und abzuleiten:

- Sind alle brandschutzrelevanten betrieblichen Aktivitäten den Versicherungen bekannt gegeben?
- Gibt es keine Folienschrumpfanlagen (ersetzt durch Wickelanlagen)?
- Sind brandsichere Heizungsanlagen vorhanden?
- Sind Hydraulikanlagen und Kompressoren besonders gesichert und gewartet?
- Gibt es an Funkenerosionsanlagen Kontrollen und Löschanlagen?
- Gibt es in Küchen Löschanlagen an großen Fritteusen?
- Gibt es keine Paternoster-Lagerung und wenn „ja", gibt es darin eine effektive Löschanlage?
- Gibt es an Stellen mit besonders vielen Brandlasten fahrbare Löscher oder Wandhydranten?
- Gibt es an Akkuladestationen ausreichende Entlüftungsanlagen und Abstände?
- Sind die Gefahrenerhöhungen dem Versicherer (ggf. auch den Behörden) bekannt?

13.6 Brandbekämpfung

Die effektive und effiziente Brandbekämpfung ist elementar im Brandfall. Nun brennt es nämlich, d.h. der vorbeugende Brandschutz hat nicht gegriffen. Und nun ist es wichtig, dass a) das Feuer schnellstmöglich gelöscht wird, dass b) dabei keine Person verletzt oder anderswie gefährdet wird und dass das Löschen c) nicht zu einem weiteren großen Schaden führt. Die nachfolgenden Punkte helfen, die Thematik „Brandbekämpfung" umfassend beurteilen zu können:

- Gibt es automatische (intakte, gewartete, geeignete) Brandlöschanlagen?
- Entsprechen die Brandlöschanlagen den Brandlasten (z.B. im Lager)?
- Erfolgt eine bauliche Trennung zu nicht geschützten Bereichen?
- Kennt sich die Feuerwehr auf dem Gelände aus (Lage, Stoffe, Löschmittel ...)?
- Steht eine qualifizierte, einweisende Person der Feuerwehr zur Verfügung?
- Werden alle Bereiche von Verantwortlichen regelmäßig kontrolliert?
- Sind die Feuerwehrflächen ständig freigehalten?
- Entspricht die vorhandene Löschwassermenge noch den Anforderungen?
- Können Schnee und Frost keine Gefahr für einen Löscheinsatz bedeuten?
- Sind die Hydranten korrekt ausgeschildert und frei?
- Sind Löschwasserrückhaltevorrichtungen nötig und, wenn „ja", vorhanden?

- Sind die Handfeuerlöscher und Wandhydranten korrekt lt. ASR A2.2?
- Gibt es ausreichend viele, die damit umgehen können (möglichst 100 %)?

13.7 Brandschutz-Organisation

Wie schon weiter oben gesagt, ist die Organisation des betrieblichen Brandschutzes der wesentliche Teil des Brandschutzes. Die nachfolgenden Fragen können helfen, ggf. vorhandene Schwachstellen aufzudecken, um sie zu beseitigen:

- Gibt es eine (gelebte und aktuelle) Brandschutzordnung?
- Gibt es ausreichend viele lt. BSO, die dem Teil C entsprechen?
- Sind alle brandschutzrelevanten Vorgaben allen vor Arbeitsbeginn bekannt?
- Gibt es gute, fähige Brandschutzbeauftragte und wachsame Brandschutzhelfer?
- Gibt es einen aktiven Kontakt zur Feuerwehr?
- Gibt es regelmäßig Räumungsübungen?
- Gibt es eine effektive Zusammenarbeit zwischen dem Brand- und Arbeitsschutz?
- Sind die vorgesetzten Personen sich ihrer Aufgaben und Verantwortungen im Brandschutz bewusst?
- Sind die Strom-Sicherungen korrekt beschriftet und weiß jeder, wo diese sind?
- Sind ausreichend viele im Umgang mit Löschgeräten unterwiesen?
- Weiß jeder, welche Aufgaben, Rechte und Pflichten er hat: An seinem Arbeitsplatz und in allen anderen betrieblichen Bereichen?
- Ist die Brandschutz-Organisation aktuell, nachvollziehbar und nicht lückenhaft?
- Erfolgt eine Wartung aller brandschutztechnischen Einrichtungen?

13.8 Brandstiftung

Brandstiftung ist eine der Hauptursachen für Brände, und deshalb muss man dieses Thema besonders berücksichtigen. Brandstiftung gibt es intern und extern, vorsätzlich und fahrlässig – das Strafgesetzbuch unterscheidet eigenartigerweise, wie bei anderen Delikten, nicht zwischen grob fahrlässigem Verhalten und fahrlässigem Verhalten. Folgende Fragen werden helfen, die Gefahr einer externen (und ggf. auch internen) Brandstiftung einschätzen zu können:

- Ist das Produkt im Lager wertvoll und leicht zu verkaufen? Dann kann es Einbrecher geben, die anschließend zum Spurenverwischen Brände legen?
- Ist das Grundstück eingemauert oder eingezäunt?
- Ist der Zaun ≥ 2 m hoch, stabil und schwer zu übersteigen/durchdringen?
- Wird der Zaun regelmäßig kontrolliert?

- Gibt es, so nötig, Übersteigsicherungen?
- Ist der Zaun oder die Mauer mit Körperschallmeldern versehen?
- Gibt es Lichtschranken oberhalb des Zauns?
- Gibt es Kameraüberwachungen und Aufzeichnungen vom Freigelände?
- Sind Fenster, die direkt an der juristischen Grundstücksgrenze platziert sind, erhöht gegen Einbruch oder Einwurf von Brandsätzen gesichert?
- Gibt es ein Zutrittskontrollsystem für alle bzw. relevante Bereiche?
- Kennen alle aus der Belegschaft alle anderen und, wenn „ja", gibt es Anweisungen, wie mit Fremden zu verfahren ist?
- Kommt man nur mit Schlüssel/Karte in die Gebäude?
- Gibt es eine effektive Vorgabe für den Umgang mit Dritten (Besuchern)?
- Ist es grundsätzlich nicht legal möglich, dass sich Fremde allein auf dem Grundstück oder dem Gebäude bewegen?
- Gibt es einen Werkschutz (mit Rundgängen bzw. Kameras/Terminals)?
- Werden Rundgänge elektronisch protokolliert?
- Ist das Wachpersonal qualifiziert, unterwiesen und zuverlässig (möglichst eigene Leute, keine Fremden mit Mindestlohn-Bezahlung)?
- Gibt es eine Einbruchmeldeanlage (Gelände, Außenhaut, Innenraum)?
- Sind die Freibereiche nachts gut ausgeleuchtet?
- Gibt es keine Pflanzen im Freigelände an den Gebäuden, hinter denen man sich unbemerkt aufhalten kann?
- Sind der Straße abgewandte Bereiche wie Türen, Tore und Fenster besonders gesichert?
- Sind Abfälle korrekt entsorgt und sicher versperrt?
- Sind keine aktiven oder passiven Einbruchhilfen gestellt?
- Ist die Sprinkleranlage (so vorhanden) alarmüberwacht?
- Sind brennbare Flüssigkeiten substituiert oder weggesperrt?

13.9 Brandausbreitung

Wenn ein Brand passiert, so ist das ja erst mal noch keine Katastrophe – so lange es ein kleiner, nicht personengefährdender Brand bleibt. Man muss also einen Brand erkennen und löschen. Doch was, wenn beides nicht möglich ist – z.B. nachts, wenn keiner anwesend ist? Dann muss man wenigstens den Brand an seiner Ausbreitung hindern können, und das geht wie folgt:

- Gibt es Brandwände, feuerbeständige Wände um verschiedene Bereiche?
- Sind die Türen in diesen Wänden mindestens feuerhemmend?
- Sind diese Türen korrekt, intakt, gewartet und außerhalb der Arbeit geschlossen?
- Sind unterschiedliche Unternehmensbereiche sinnvoll gegenseitig abgetrennt? Produktion: Holz, Kunststoffe mit/ohne Chlor, Lebensmittel, Metall,

Lackierung, Lager (Ausgangslager, Fertigteilelager, Kartonagenlager, Kommissionierung, Gabelstaplerladebereich, brennbare Flüssigkeiten, Gase – möglichst im Freien), Reparaturbereiche, Gebäude-/Haustechnik, Büros, Verwaltung, EDV/RZ, Kantine, Forschung/Entwicklung, Umkleide-/Duschbereiche ...?

- Sind alle Leitungsdurchbrüche korrekt und effektiv verschlossen?
- Sind Brandschutzklappen an relevanten Stellen vorhanden, intakt und gewartet?
- Sind die Dächer ausreichend brandsicher (auch gegen Überschlag)?
- Sind die Freibereiche und die Bereiche vor Fenstern freigehalten (keine Brandbrücken zwischen Gebäuden, auch nicht durch Waren oder Fahrzeuge)?
- Sind die Brandlasten an den Arbeitsplätzen sinnvoll minimiert?

13.10 Maßnahmen nach Bränden

Gerade nach Bränden kann man viel richtig und viel falsch machen. Das richtige Handeln ist umgehend von Entscheidung und dazu ein paar Punkte:

- Ist die Versicherung umgehend informiert?
- Gibt es Möglichkeiten der Schadenminderung?
- Kann umgehend entraucht werden?
- Kann man überall löschen?
- Können nicht betroffene Bereiche effektiv geschützt werden?
- Können besonders rauchempfindliche Produkte oder Anlagen geschützt werden?
- Kann man kurzfristig Sanierungsunternehmen vor Ort haben (Versicherung)?
- Kann Löschwasser keinen zusätzlichen, vermeidbaren Schaden anrichten und wenn doch, sind effektive Vorsorgemaßnahmen getroffen und bekannt gegeben?
- Kann die relative Luftfeuchtigkeit nach einem Löscheinsatz schnell reduziert werden auf < 50 %?
- Weiß die Feuerwehr, wo radioaktive Präparate oder Geräte vorhanden sind?
- Wurden PCB-haltige Kondensatoren und Transformatoren entsorgt?
- Weiß die Feuerwehr, wie man im Löscheinsatz Löschfolgeschäden minimiert?

13.11 Übliche und typische Probleme in bestimmten Bereichen

Während bisher in den vorangegangenen Kapiteln Gefahren und allgemeine brandschutztechnische Punkte angesprochen wurden, folgen jetzt konkrete Bereiche – insofern doppeln sich manche Punkte.

Typische Probleme sind Pauschalurteile, keine Vorurteile – letztere sind dumm und unintelligent, Pauschalurteile jedoch fußen auf Fakten und gelten grundsätzlich für bestimmte Bereiche, Menschengruppen und Unternehmensarten. So kalkulieren beispielsweise die Feuerversicherungen die zu zahlenden Versicherungsprämien aufgrund des jeweiligen Risikos, das abhängig ist von der Brandgefahr der Aktivitäten in Kombination mit den jeweiligen Werten sowie der qualitativen Ausbildung der dort beschäftigten Personen. Abweichungen um den Faktor 30 können dabei vorkommen – so zahlen bestimmte Unternehmensarten eben lediglich 0,3 ‰ oder darunter, andere 9,0 ‰ und sogar darüber. Man sieht, dass Pauschalurteile zwar nicht immer auf jeden Einzelfall zutreffen (typisch für Jugendliche, typisch für Schreinereien usw.), aber eben für eine ganze Gruppe von Unternehmensarten und Menschengruppen. Dies gilt insbesondere auch für den Brandschutz. Es wird in Küchen verständlicherweise mehr Fettexplosionen geben als in Rechenzentren, in Büros mehr Elektrobrände von Wasserkochern und Kaffeemaschinen als in OP-Räumen und in Logistikunternehmen mehr Staplerbrände als in der Herstellung pharmazeutischer Produkte, usw. Und genau aus diesem Grund werden nachfolgend ein paar Bereiche unter die Lupe genommen, die viele Unternehmen haben.

13.11.1 Verwaltungs- und Bürogebäude

Folgende Punkte sind in Verwaltungsunternehmen Hauptbrandgefahren, und durch überlegtes Aufstellen, das kontrollierte Abstellen nach Arbeitsende und das umsichtige Verhalten während der Arbeitszeit kann man deren Gefahren deutlich reduzieren:

- Kaffeemaschinen mit Heizplatte
- leistungsfähige Wasserkocher
- Smartphones, die geladen werden
- mitgebrachte Akkus zum Laden, etwa von E-Bikes
- PC-Geräte
- Beamer
- überlastete Steckdosen (max. 3.680 Watt je 16-Ampere-Sicherung)
- Raucherverhalten
- Entsorgung von Rauchzeugresten
- Mehrfachsteckdosen (insbesondere solche, die hintereinander gesteckt sind)
- Kühlschränke
- Akkus und Batterien
- Kopiergeräte
- brennbare Reinigungsflüssigkeiten
- Batterie- und Akku-Sammelbehälter (Tipp: Pole abkleben)

13.11.2 Produktion

Es gibt natürlich extrem viele Arten der Produktion, über Holz, Metall, Lebensmittel, Kunststoffe, Elektronik, Montage, Lackierung, Recycling usw.; also ist es schlicht unmöglich, hier eine auch nur annähernd komplette Liste anzufertigen, und das würde auch den Rahmend des Buchs sprengen. Aber Lobbyverbände oder auch Feuerversicherungen können gewiss weiterhelfen, um an individuell sinnvolle und richtig gute, ausführliche Checklisten der Hauptbrandgefahren heran zu kommen. Primär soll genannt werden:

- verfahrenstechnisch bedingte Gefahren
- Absaugvorrichtungen
- Staub-Sammelanlagen, Silos
- Produktionsmaschinen
- Reinigungsflüssigkeiten
- Energiearten, z. B. Strom und Gas
- Luftdruckanlagen, Kompressoren
- Beleuchtungsanlagen
- Brandstiftung (von innen oder außen)
- entzündlicher Abfall
- freiwerdende, brennbare Dämpfe (schwerer als Luft) oder Gase (meist leichter als Luft)
- achtloses Wegwerfen von glimmenden Zigaretten

13.11.3 Lager und Logistik

In der Lagerhaltung gibt es einige wenige, dafür umso bedeutende Gründe, warum es zu einem Brand kommen kann:

- Beleuchtungsanlagen
- elektrische Gabelstapler-Ladevorgänge
- Gas- oder Dieselstapler
- Beleuchtungsanlagen
- Überfrachtung der Lagerregale, sodass die Sprinkleranlage nicht mehr effektiv löschen kann

13.11.4 EDV, RZ

In Rechenzentren passieren von 100 % der Brände, die sich dort schädigend auswirken, ein Großteil außerhalb und von dort wirken sich die Brände dann zerstörend aus – meist nur durch den zerstörenden, hochkorrosiven Rauch. Dort ist sinnvoll, auf folgendes zu achten:

- bauliche Trennungen zwischen den unterschiedlichen Bereichen (Drucker, EDV-Geräte, Strom, Notstrom, Klimatechnik, Lager, Sozialbereiche)
- Brandmeldeanlage

- geeignete Brandlöschanlage (Gas)
- ggf. Sauerstoff-Reduzierungsanlage
- Unterweisungen
- Kontrollen
- keine privaten Elektrogeräte
- brandsichere Beleuchtungsanlagen

Schlussworte

Mein Buch ist direkt ansprechend an Sie geschrieben und hoffentlich offen, ehrlich und informativ gehalten; man kann die Tipps kritisch überdenken und annehmen – und sich positiv verändern, oder man hat es eben nicht geschafft. Vielleicht motiviert Sie das noch: Im April 2020 war ich bei einem befreundeten (mittlerweile im Ruhestand) HNO-Arzt zur Behandlung in seinem Wohnzimmer, als er mir etwas von sich erzählte (hier die Kurzform), was ich nicht wusste: *„Ich war bei der Bundeswehr in Bremerhaven und machte nebenbei Mittlere Reife; der Lehrer sagte, ich solle doch gleich Abitur machen. In dieser Klasse haben 52 Personen angefangen, 15 blieben übrig. Und danach studierte ich Medizin. Mein Vater war Arbeiter und fand das übertrieben …"* Also, das mit der Reduzierung von über 50 auf unter 20 Personen, das will ich hier hervorheben. Dass mein Freund eine besondere, autodidaktische Persönlichkeit (mit Ecken und Kanten!) ist, steht außer Frage. Gehören Sie im Leben nicht zu den Abbrechern, sondern zu den Machern, zu den Schaffern!

Der USA-Philosoph Al Bundy sagte einmal: *„Weil ich immer wieder aufstehe, wenn mich das Schicksal niederstreckt, genau deshalb bin ich kein Verlierer."* Und Recht hat der Schuhverkäufer an Peggys Seite!

Ich will, dass Sie und ich, dass wir an uns arbeiten, besser werden, noch besser werden. Vieles wissen wollen, uns für vieles interessieren.

Folgendes würde mich wirklich sehr bewegen, freuen und mir tiefe Erfüllung geben: Erstens, wenn Sie mir in einigen Monaten oder auch Jahren schreiben und wenn Sie mir Ihre hoffentlich positiven Veränderungen aufgrund meiner Tipps mitteilen. Und zweitens meine ich, dieses ja nicht unmoralische Buch würde auch einigen in anderen Berufen guttun, z. B. dem Geschäftsführer oder der einen oder anderen Person im Vorstand. Wollen Sie denen das nicht (anonym, so Sie es sich anders nicht trauen …) zukommen lassen?

Herzlichst,
Ihr Dr. Wolfgang J. Friedl – *Brandschützer aus Leidenschaft*

E-Mail: Info@dr-friedl-sicherheitstechnik.de